黄瓜、南瓜、苦瓜
栽培关键问题解析

欧迎峰　王迪轩　何永梅　主编

U0389709

化学工业出版社
·北京·

内容简介

本书以图文并茂的形式，以菜农在黄瓜、南瓜、苦瓜生产中遇到的典型问题为主线，从品种和育苗、栽培管理、主要病虫草害防治三个方面，针对黄瓜、南瓜、苦瓜栽培中的 124 个关键问题，提供了具体的解决方案与技术要点，并配以 200 余幅高清彩图进行图示，使菜农一看就懂，一学就会。

本书适合广大菜农、蔬菜生产新型经营主体、农资经销商、基层农技人员阅读、参考。

图书在版编目（CIP）数据

黄瓜、南瓜、苦瓜栽培关键问题解析/欧迎峰，王迪轩，何永梅主编. 一北京：化学工业出版社，2021.10
ISBN 978-7-122-39825-3

Ⅰ.①黄⋯ Ⅱ.①欧⋯②王⋯③何⋯ Ⅲ.①黄瓜-蔬菜园艺-问题解答②南瓜-蔬菜园艺-问题解答③苦瓜-蔬菜园艺-问题解答 Ⅳ.①S642-44

中国版本图书馆CIP数据核字（2021）第176637号

责任编辑：冉海滢 刘 军　　　　文字编辑：林 丹 汲永臻
责任校对：边 涛　　　　　　　　　装帧设计：关 飞

出版发行：化学工业出版社（北京市东城区青年湖南街13号 邮政编码100011）
印　　装：凯德印刷（天津）有限公司
880mm×1230mm 1/32 印张5¼ 字数156千字
2022年3月北京第1版第1次印刷

购书咨询：010-64518888　　　　售后服务：010-64518899
网　　址：http://www.cip.com.cn
凡购买本书，如有缺损质量问题，本社销售中心负责调换。

定　　价：39.80元　　　　　　　　版权所有 违者必究

本书编写人员

主　编
欧迎峰　王迪轩　何永梅

副主编
李江峰　王佐林　李绪孟　康智灵　汪端华

参编人员
（按姓名汉语拼音排序）

郭　赛	郭向荣	何永梅	胡　为	黄卫民
康智灵	李江峰	李　琳	李慕雯	李　荣
李绪孟	李亚荣	欧迎峰	孙立波	谭　丽
汪端华	王迪轩	王雅琴	王佐林	徐　洪
徐军锋	徐军辉	徐丽红	杨沅树	张建萍

前言

随着抖音、快手、微信等一些以手机为载体的"快餐式"获取信息技术的快速发展，人们足不出户就能使一些问题得到解决，有关蔬菜栽培的信息与知识传播得越来越多、越来越广泛。

2020年2月以来，编者在《湖南科技报》《长江蔬菜》《湖南农业》等一些媒体的组织下，通过报纸杂志为读者解析蔬菜生产中的难题。编者或通过"长江蔬菜"APP远程"问诊、坐诊"；或通过微信、电话等回答本地菜农的问题；或通过下乡与菜农现场交流及联系请教专家，回答了各种蔬菜生产问题。一些典型问题的解析通过编者的精心整理，已发表在专业刊物，如《湖南农业》杂志社为编者开设的"微农诊间"专栏。

在此基础上，编者结合近年来的生产实际，整理了一系列鲜活的蔬菜栽培关键问题解析实例，并配以高清图片，形成本书系。对蔬菜生产上的操作以及病虫草害的识别，尽量多采用图片说明。对一些病虫草害的防治，一并提及有机蔬菜的防治方法。相信应为读者所欢迎。

本书以菜农在黄瓜、南瓜、苦瓜生产中遇到的典型问题为主线，结合编者多年来在基地与菜农的交流和观察，针对黄瓜、南瓜、苦瓜栽培中的124个关键问题，提供了具体的解决方案和技术要点，并配以200余幅高清彩图进行图示，使菜农一看就懂，一学就会。每一则问题和解析都是单独的，读者三五分钟就可以获得知识点。

本书在编写过程中，得到了赫山区科技专家服务团所有专家的大力支持，特别是湖南农业大学副教授、赫山区科技专家服务团团长李绪孟亲力亲为，服务赫山区蔬菜产业，并细心解答菜农的一些问题，在此深表谢意！

由于编者水平有限，难免存在疏漏之处，谨请专家同行和广大读者批评指正，欢迎来信与编者进行深入探讨（邮箱：wdxuan6710@126.com）。

王迪轩

2021年7月

目录

第一章 黄瓜栽培关键问题解析 / 001

第二章 南瓜栽培关键问题解析 / 083

参考文献 153

第一章 黄瓜栽培关键问题解析

第一节 黄瓜品种与育苗关键问题

1. 黄瓜品种及种苗选择有讲究

问： 现在的黄瓜品种特别多，以什么品种为好？若是购买现成的菜苗，有什么好的建议？

答： 目前，黄瓜的品种特别多，从大的种类上说，有普通黄瓜（图1-1）和水果黄瓜（图1-2）之分。单从普通黄瓜来讲，国内最著名的黄瓜系列品种就有津研、津春、津杂、津优等系列品种。品种要因地制宜地选择。

在选择当地常年栽培的当家品种的基础上，适当引进新品种。此外，在黄瓜生产上，有时候是菜农选错了茬口，或是管理不当影响了品种的表现，给生产造成了损失。一个越冬茬的品种，表现很好，产量高，品质好，优势明显，但若用于越夏茬或秋茬种植，品种表现会大打折扣，出现坐果难、畸形果多等问题。日常的种植中，想当然地调整蔬菜品种的种植茬口，结果往往会影响品种的表现。因为多数品种适宜的茬口是一定的，且对环境变化较为敏感。

还有一些品种在市场上虽然不是新品种，已经推广多年，但若是第

图1-1　普通黄瓜川绿十一号　　　图1-2　水果黄瓜果实

一次种植，对品种特性缺乏深入了解，也会出现类似问题。因此，应根据自身条件，选择适宜自己的品种。若对品种特性的了解不够深入，调控能力差，不建议一开始就尝试新品种，而应种植相对稳定、自己熟悉的品种。适当小面积尝试新品种。

随着专业化分工越来越明显，有时还可以不育种，购买现成的秧苗。购苗时要选择正规的育苗工厂购买。正规的育苗场，一般育苗设施先进完善，操作管理严格，订苗合同、发票或收据、品种包装袋等一应俱全。这样的育苗场才值得信赖。

在接收黄瓜苗时，要了解优质黄瓜苗标准。长势一致，植株健壮，以2叶1心为好。植株各个部位均表现良好。叶片没有任何病斑、害虫及虫卵等，无畸形、表皮油亮，叶色绿中带黄，若叶色为深绿色，则可能是抑制剂用量过大，定植后缓苗时间长。茎秆呈青绿色，表皮亮度较高。根系粗壮，颜色嫩白，毛细根多。秧苗接收后，若不是立即定植，要加强管理，注意间隔3～5天喷洒一次叶面肥补肥、5～7天喷洒一次杀菌剂防病。

2. 适宜大棚栽培的水果黄瓜品种要根据当地的消费习惯来选用

问： 想种点水果黄瓜，选什么品种好些？

答： 水果黄瓜体型小巧可爱、营养丰富、口感爽脆，可作为水果直接生吃。大棚种植要根据当地消费习惯及品种的特性来选用。适宜大棚种植的水果黄瓜可选用以下3个品种。

（1）8316　以主蔓结瓜为主，每节 1 ~ 3 瓜，侧蔓较少，适合春、夏、秋延或越冬栽培。瓜长 15 厘米左右，直径 2.5 厘米，单瓜重 130 克左右。瓜条笔直光滑、无侧瘤、微有棱；瓜色翠绿、光泽度好；果肉厚，口味清香脆嫩，货架期长；较抗白粉病、霜霉病、枯萎病等。

（2）艾美（图 1-3）　果长 17 ~ 20 厘米，小巧可爱，无瘤刺，脆嫩可口无硬核，适合生吃。为全雌系，早熟，无限生长型；植株生长紧凑，主蔓结瓜，节间短，节节有瓜，每节 1 ~ 2 个瓜；颜色深绿，口味甘甜，耐弱光，较耐热。

（3）萨瑞格　为单性结实，全部为雌花杂交品种；单果长 14 ~ 16 厘米，果色微呈暗绿，表面光滑无刺，具有蜡质光泽；早熟，果期较集中；对白粉病有抗性。植株生长旺盛，低温下也坐果好好，在正常种植条件下，平均亩（1 亩 ≈ 666.7 平方米）产量可达 1.5 万 ~ 2 万千克。

3.黄瓜穴盘育苗有讲究

问： 我育的黄瓜苗有的出来了，有的被盖籽的锯末压着没有出来，有的甚至死了，是什么原因？

答： 黄瓜穴盘苗个别的死了或未出苗，确实是盖籽的锯末过厚（图 1-4，可能达 3 厘米左右厚），含水量过高等原因所导致的。凡是盖土后覆盖的锯末刮平了的出得好些，未刮平的基质面，导致盖土过厚，有些芽没有伸展出来或死了。

图 1-3　艾美水果黄瓜　　　　　图 1-4　黄瓜苗盖土过厚影响出苗成苗率

采用这种锯末盖籽效果不是太好，主要是锯末易吸水导致含水量过高、易发病，锯末质量轻，用于盖籽压力太小，难以辅助种子脱壳，因此一般穴盘育苗盖籽以采用蛭石较好（与育苗基质配套的专用盖籽基质）。标准的黄瓜穴盘基质是采用草炭、蛭石等。以下是黄瓜穴盘基质育苗的几个要点，供参考。

（1）穴盘选择　冬春季育苗，由于苗龄较长，可选用 50 孔或 72 孔穴盘。夏季育苗，苗龄短，选用 72 孔穴盘即可。越冬长季节黄瓜育苗第一片真叶展开时即进行嫁接，所以选用 72 孔穴盘即可。如重复使用的穴盘，在使用前应进行消毒处理，采用 2% 的漂白粉充分浸泡 30 分钟，用清水漂洗干净备用。

（2）基质配方　按体积计算，草炭：蛭石为 2∶1，因为苗龄较短，每立方米基质加入复合肥 1 ～ 1.5 千克（如果是冬春季节育苗，每立方米基质要加入复合肥 2 千克），或每立方米基质加入尿素 1.5 千克和磷酸二氢钾 1.2 千克，肥料与基质混拌均匀后备用。用喷壶喷上一些水，用铁锨将其搅拌均匀，至以手握成团、撒手后散开程度时将拌好的基质装入育苗盘中备用。

（3）播种

① 播种时间　冬春季节育苗，一般育苗期为 35 ～ 45 天，若定植时间在 2 月中旬至 3 月下旬，则播种期应从 12 月底到 1 月中下旬。夏季育苗苗期短，一般从 6 月中下旬到 7、8 月份均可播种育苗，可根据栽培目的确定播种期。越冬茬长季节黄瓜一般 10 月初育苗，10 月底至 11 月上旬定植。

② 种子处理　如果所购买的是已经包衣的种子，可以直接播种。如果是没有包衣的种子，则需进行种子处理。方法一：用 2.5% 咯菌腈悬浮剂 10 毫升加 68% 精甲霜·锰锌水分散粒剂 2 克，兑水 100 ～ 120 毫升，可以对 3 千克黄瓜种子包衣，晾干后即可播种。方法二：用 2 份开水 1 份凉水配成的约 55℃温水浸种半小时后，用 75% 百菌清可湿性粉剂 500 倍液处理 30 分钟，可有效预防苗期病害发生。

③ 播种　播种前先将苗盘浇透水，以水从穴盘下小孔漏出为标准，等水渗下后播种，经过处理的种子可拌入少量细砂，使种子散开，易于播种，播种深度 1 厘米左右，播种后覆盖蛭石，喷 68% 精甲霜·锰锌水分散粒剂 600 倍液封闭苗盘，预防苗期猝倒病，并在苗盘上盖地膜保湿。

（4）苗期管理

① 水分管理　基质水分以见干见湿为原则，浇水宜在清晨进行，

冬天时要注意浇水温度，不宜直接用冷水浇苗，应用 25℃ 左右的温水喷洒。幼苗展开第一片真叶时，土壤水分含量应为最大持水量的 75%~80%，苗期 2 叶 1 心后，结合喷水叶面喷施叶面肥 1~2 次，3 叶 1 心至商品苗销售。

② 追肥管理　子叶拱土至真叶吐心期，不必施肥。真叶吐心到成苗期，可施用育苗专用肥料，每次用肥浓度为 0.1%~0.15%。每 7 天左右施用 1 次。成苗到定植期间，停止浇肥。

③ 温度管理　从播种至齐苗阶段重点是温度管理（图 1-5），白天 25~28℃，夜间 18~20℃，这一期间温度过高易造成小苗徒长，温度过低子叶下垂、朽根，或发生猝倒病，特别注意阴天时温度管理不要出现昼低夜高逆温差。齐苗后降低温度，白天 22~25℃，夜间 10~12℃。

图 1-5　黄瓜穴盘苗苗期灯泡增光补温

④ 防治病害　猝倒病，可用 75% 百菌清可湿性粉剂 1000 倍液喷雾，或 64% 噁霜灵可湿性粉剂 400 倍液喷雾。霜霉病，可选用 70% 甲基硫菌灵可湿性粉剂 1000 倍液，或 72.2% 霜霉威水剂 600~800 倍液、64% 噁霜灵可湿性粉剂 400 倍液等轮换喷雾。病毒病，在夏季高温干旱条件下易发生，应在播种前就用 10% 的磷酸三钠浸种 20 分钟，取出冲洗干净。蚜虫、蓟马、潜叶蝇、菜青虫等，可选用 1% 阿维菌素乳油 3000 倍液，或 50% 灭蝇胺可湿性粉剂 5000 倍液等轮换喷雾。注意杀虫杀菌剂要交替轮换使用，每 7~10 天喷雾一次。应避免使用三唑酮等三唑类杀菌剂，以防药害。

⑤ 补苗和分苗　一次成苗的需在第一片真叶展开时，抓紧将缺苗孔补齐。用 72 孔育苗盘育苗，大多先播在 288 孔苗盘内，当小苗长至

1～2片真叶时，移至72孔苗盘内，这样可提高前期大棚有效利用率，减少能耗。

值得提前提醒的是，瓜类苗子一般以小苗（2叶1心）移栽为宜，因此，要迅速将定植地施肥整地作畦盖膜，做到地等苗，一旦苗龄和天气适宜，组织人力抢时间定植。

4. 黄瓜育苗期要提早预防高脚苗

问:（现场）黄瓜苗子像豆芽菜（图1-6）一样，只怕难成活，有什么办法吗？

答: 这主要是由育苗棚上的大棚膜太脏，光照严重不足导致的徒长现象。用测光仪测试，光照度仅1778勒克斯（图1-7），但黄瓜叶片的光合作用的饱和点为5.5万勒克斯，补偿点为2000勒克斯。

再看一下大棚，旧膜上还盖着遮阳网，原来是该农户培育羊肚菌后未及时拆掉遮阳网（图1-8）。

图1-6　光照严重不足导致的迟黄瓜高脚苗 　图1-7　光照严重不足导致的高脚苗

图1-8
棚膜脏旧还盖遮阳网，弱光致苗徒长

黄瓜徒长苗的茎长、节疏、叶薄、色淡绿，组织柔嫩，根短且少。徒长苗的干物质少、根部重量比壮苗轻，根弱小，吸收能力差，而蔓和叶柔嫩，表面的角质层不发达，故水分的蒸腾量大，定植后容易萎蔫，新根发生慢，定植后缓苗慢，抗性差，容易受冻害和染病。由于营养不良，徒长苗的花芽形成和发育都较慢，花芽数量较少且晚，往往形成畸形果，雌花容易化掉，即使不化瓜也发育不良，因此用徒长苗定植不能早熟高产。防止黄瓜高脚苗，要提前采取以下综合措施。

一是选好苗床基地。在选定苗床基地时，应选向阳、开阔、地势较高的地方，苗床可多照阳光。

二是加强通风，减少遮阴，增强光照。加强通风，降低幼苗周围环境的空气湿度，可使凝结在透明覆盖物上的水珠消除。黄瓜苗未出土时大棚光照弱没关系，一旦出苗后，则应满足其光照要求，在适宜的范围内，光照越强，植株长势越好、越壮；反之，则徒长、苗弱。要及时去掉遮阳网，经常揩刷大棚膜上的灰尘。在保证床内幼苗对温湿度的要求外，尽量使太阳光直接照入床内。

三是播种密度适宜，及时匀苗间苗。播种密度不要过大，要合理、均匀，穴盘育苗要做到1穴1粒种子，及早间苗、匀苗。

四是喷施生长抑制剂补救。在发生徒长初期，可通过控制浇水，喷施磷、钾肥或利用植物生长调节剂抑制生长。当黄瓜秧苗趋向徒长或者将拥挤时，可用50%的矮壮素2500～3000倍液喷洒幼苗，可延缓黄瓜苗的生长速度，增强幼苗抗性，减少病害和冻害。

第二节　黄瓜栽培管理关键问题

5. 黄瓜定植前要深翻土壤以防出现弹簧根

问： 早春黄瓜的根一直浮在表土上不下扎，茎秆很弱、结瓜少，这是什么原因引起的？

答： 大棚内的黄瓜根系不下扎，而是盘旋生长，导致植株茎秆细弱，结瓜少，这是黄瓜生产上常见的"弹簧根"现象（图1-9）。发生原因一是育苗期过长，根系在小小的穴盘中只能盘旋生长；二是土壤板结，根系下扎困难（图1-10），进而迫使其出现横向盘旋生长；三是浅层土壤的养分、水分、气体环境较好，适宜其生长，使根系变"懒"而不愿往更深层土壤下扎导致。这种现象在多年种植的老棚里，若土壤板结、盐渍化程度较高，黄瓜更易出现"弹簧根"现象。要防止这种现象，应从深耕、施用有机肥等方面入手。

图1-9　黄瓜弹簧根现象

图1-10　土壤板结黄瓜根系难以下扎

一是晚覆地膜，让黄瓜根系不要"赖在"浅层土壤。蔬菜根系浅多是由于覆盖地膜过早导致的。根系生长需要良好的土壤环境和养分，过早覆盖地膜，易使地表的温度、湿度、养分含量等更加适宜根系生长，一些大根系不仅不下扎，且在良好环境的吸引下"漂浮"生长。在浅层土壤生存的根系很容易因深冬期剧烈的温度、水分变化而受到抑制甚至是死亡。因此，在黄瓜定植以后要适当晚覆地膜，采取适当控水及勤划锄的措施，迫使根系向土壤深层生长、扩展，即应采取"蹲苗"措施，以避免根系在浅层土壤盘旋甚至是"漂浮"生长。

二是勤中耕松土。中耕松土有改土、保墒、提高土壤的透气性、促进生根的作用。中耕松土时要由浅及深进行，一般深度达5～6厘米为宜。

三是重视有机肥、微生物肥料的施用，适当减少化肥用量。土壤中有机物质补充不足，腐殖质含量偏低，影响微生物的活性，从而影响土壤团粒结构的形成，使得土壤的酸碱变化明显，再加化学肥料在土壤中多年沉积，老棚土壤本身盐渍化、板结较重，可在黄瓜生长期间增施有机肥和微生物肥料，达到消除板结、降低土壤盐害、养护根系的目的，同时通过增施微生物肥料及选用养分全面、吸收利用率高的水溶肥，适当减少化学肥料的用量，逐步缓解板结的土壤。

四是定植前应深耕土壤。为避免黄瓜出现"弹簧根"，在黄瓜定植前，应深翻土壤 30 厘米以上。并结合底肥中增施有机肥（腐熟好的鸡、鸭粪或者有机质含量高的商品有机肥均可），以打破犁底层，为黄瓜根系深扎创造有利的土壤环境。

6.黄瓜要优质高产应施好施足基肥

问： 黄瓜每亩田施 100 千克复合肥作基肥够吗？

答： 不是复合肥数量够不够的问题，而是这种施肥品种单一，未配合施用有机肥、功能性肥料等，仅靠大量施用化学肥料，很容易导致土壤盐渍化、酸化、板结等现象（图 1-11）。

要使黄瓜优质高产，必须通过一系列的农业措施，协调根系喜湿与好气、喜温与喜湿、喜肥与不耐肥的关系。生产实践表明，大量增施堆肥、圈肥和畜禽粪等农家肥，合理灌溉，分期追施速效化肥，有利于使土肥水融合，气体通透性好，根系发育健壮，从而保持黄瓜根系旺盛的生命活力。

一般每生产 1000 千克商品瓜，需氮（N）2.8 ~ 3.2 千克、磷（P_2O_5）1.2 ~ 1.8 千克、钾（K_2O）3.3 ~ 4.4 千克、钙 2.9 ~ 3.9 千克、镁 0.6 ~ 0.8 千克。生育前期养分需求量较小，随生育期的推进，养分吸收量显著增加，到结瓜期时达到吸收高峰。在结瓜盛期的 20 多天内，黄瓜吸收的氮、磷、钾量要分别占吸收总量的 50%、47% 和 48%。到结瓜后期，生长速度减慢，养分吸收量减少，其中以氮、钾减少较明显。

黄瓜结瓜期长，应施足基肥（图 1-12），施肥时要注意以下四点。

图 1-11　黄瓜盐渍害土壤湿润时呈紫红色　　图 1-12　黄瓜高产优质要施足基肥

一要根据不同的土壤科学用肥。壤土质地最好，所有的粪肥都适合使用。黏土地质地黏重，渗水慢、提温慢，保肥保水能力强，施用有机质含量高、养分含量相对少的牛羊粪和猪粪最好。砂土地漏水漏肥严重，养分流失快，以施用有机质含量高，养分含量相对较低的牛羊粪和猪粪等为好。

二是所施粪肥必须充分腐熟。黄瓜施用的鸡粪、鸭粪、猪粪、稻壳或作物秸秆等农家肥必须充分腐熟后才能施用。若粪肥未腐熟或腐熟度不高，易造成伤苗。农家肥变成容易被作物吸收利用的养分，是在充分腐熟的前提下进行的。一般常见的农家肥在自然条件下，有一个相对慢的腐熟过程。而进入到大棚等相对密闭的环境后，适宜的温湿度环境虽然加速了腐熟过程，但施用后在土壤中的腐熟，也是造成植株受害的根源所在。未腐熟的农家肥有可能携带大量的虫卵和病菌，成为病害和虫害的初侵染源。农家肥在腐熟过程中，会释放大量的氨气、有害酸类等有害物质，严重时会导致幼苗叶片黄白化现象。农家肥的腐熟可以通过喷洒腐熟剂加速腐熟发酵。也可以购买商品有机肥或腐熟好的发酵鸡粪等。

三是采用测土配方施肥。基肥中的农家肥提供了植株所需的有机质和部分氮磷钾等养分，但还需依靠化学肥料来提供氮磷钾等大量元素和钙铁硼锌镁等中微量元素。但化肥切忌长期大量施用，应合理施入，防止过量施入导致的土壤酸化、盐渍化、板结等问题。最好根据测土结果进行合理施肥，建议每两年测一次土，按照土壤养分变化，调整基肥配比。

四是增施生物菌肥。有益的微生物菌是土壤生态的重要组成部分。有益的生物菌能够刺激根系的健壮发育和对养分的进一步吸收，抑制或减轻根部病害的概率。施用时要注意避开强烈的光照。使用后及时补充水分，保持一定的土壤湿度，但又不能太湿。将土壤 pH 值调整到 6.5 ~ 7.5 之间。菌剂使用后控制杀菌剂的使用时间及用量。

7. 大棚黄瓜应适时深翻耕以利根系下扎

问： 我的大棚黄瓜每次都旋耕了好几次，但根系总是扎下不，长势不好，请问是什么原因？

答： 旋耕机（图1-13）仅仅只是浅翻，其翻耕深度仅10厘米多，犁底层上移，耕作层变浅，根系当然扎不下去。所施用的农家肥、化肥，大部分聚集在地表 10 厘米内，加重加速了土壤盐渍化，易造成烧根。根系分布变浅，易受地温、浇水的影响，导致根系受伤老化，植株长不好，易早衰。

虽然使用了改良土壤的调理剂产品，如补充中微量元素调理土壤养分，添加微生物制剂补充有益菌，以及添加腐植酸、海藻酸等用于改善土壤透气性，但耕作层变浅，土传病原菌、有害物质不断积累，仍然容易诱发盐渍化、酸化等一系列问题。

实践表明，只有通过深翻土壤（图 1-14），才能减轻土壤盐渍化，也可防止未腐熟农家肥导致的烧根现象。黄瓜定植后，缓苗更快，根系下扎更深，长势更好，持续时间更长，明显提高产量。深翻土壤常用的机械主要是土壤深翻换茬机和微型挖掘机，各有优劣，可选择使用，在生产上，建议每 3 年左右深翻一次即可。

图 1-13　土壤旋耕翻土浅不利于根系　图 1-14　深翻土壤
深扎

8. 黄瓜定植时多法预防土传病害

问： 每年黄瓜上架开始结黄瓜时，陆陆续续发生一些萎蔫死棵，用药根本防治不住，我想从苗期开始提前预防，请问从哪些方面着手？

答： 这个观点非常正确，黄瓜上架后开始发生的萎蔫死棵，无非是一些枯萎病、根腐病、青枯病等土传病害，一旦发生，就是"癌症晚期"，只能拔除，防不胜防。最好的办法就是从定植开始即采取一系列的预防手段。黄瓜幼苗从育苗穴盘移栽到大田里，其生长环境发生了很大的变化，再加上幼苗期抗逆能力弱，这段时期就成了根部病害高发期。根部病害一旦发生，当时从外表看不出来，进入开花坐果期后，才表现萎蔫等症状，此时才防治为时已晚（图1-15），已经严重影响了黄瓜的整体效益。根部病害发生后，如果主根被侵染，想通过用药来防治基本无希望，只有在定植前后（图1-16）通过采用蘸盘、穴施药剂和灌根等方法提前预防。

图1-15　黄瓜结瓜时萎蔫死棵防治已晚　　图1-16　黄瓜定植前后用药剂处理防萎蔫死棵

　　方法一：蘸盘。定植时的蘸盘是防治根部病害的第一步。用于蘸盘的产品有四类：一是杀菌剂，主要用于防治根部病害；二是生物菌剂，用于提高根系活性，促进生根，提高抗病性，抑制病原菌侵染；三是生根养根类产品，用于促进生根，提高根系活性和抗逆能力；四是杀虫剂，用于预防地下害虫以及驱避蚜虫、粉虱、螨虫等各类虫害。一般以选择生物菌剂蘸根最好，其持效期更长，作用更多。在病害较多、虫害严重时，建议选择搭配杀菌剂和杀虫剂的配方。

　　选用蘸盘产品时，一定要了解种类，不能胡乱搭配和混合，这样很容易出问题。生物菌剂与杀菌剂混合使用要谨慎。如常用的杀细菌菌剂不能与生物菌剂混用，包括抗生素类、铜制剂、叶枯唑、噻唑锌等。多数杀虫剂对于生物菌剂的影响不大，可以共同使用，如可以选择安全性较高的阿维菌素、烟碱类杀虫剂等与生物菌剂一起使用。杀菌剂与杀虫剂混合使用时要避免意外增加药剂的浓度，或者药剂复配不当，造成药害。

　　方法二：穴施药剂。对于根结线虫严重的地块，可采用穴施噻唑磷等药剂的方法。要严格按照说明书规定用量使用，注意施用量不能太大，如每亩用10%噻唑磷颗粒剂1～2千克即可。冲施阿维菌素时，亩用量 2 千克左右；也可灌根使用，兑水 1000 倍，每株药液 0.2 ~ 0.25 千克。穴施药剂，必须在定植前将药剂与穴内土壤拌匀，以免发生药害。

方法三：灌根。防治根部病害，可以采用药剂灌根，但一定要掌握合适的方法。针对不同的病害，选择针对性强，并且防效较好的杀菌剂，不要盲目用药，以免延误防治时机。并尽量与氨基酸类营养液肥或具有刺激根系发育的激素混合施用，药液的浓度不高于 1500 倍液，以防根系周围土壤药液浓度过高，造成药害；选择的杀菌剂施入土壤后不能破坏土壤内部的生物群体和生态平衡。

如已施用了生物菌肥的地块，尽量不要用杀菌剂灌根防病，以防杀死生物菌肥中的有益微生物，使生物菌肥失去肥效；灌根前不宜浇水，以防病菌随流水传播；灌根后不宜立即浇水，以防稀释土壤中的药液，降低杀菌效果。

9. 大棚春黄瓜要把握好定植关

问： 春黄瓜马上要定植了，请问要把握哪些要点？

答： 一年之计在于春，黄瓜早春采用大棚栽培，产量高，效益好，且是早春上市较早的蔬菜，对缓解春淡有较好的意义，应趁着天气好及时定植黄瓜。一是要把握好合理的密度（图 1-17）。黄瓜合理密植直接影响黄瓜产量的形成。黄瓜的合理叶面积指数为 3 ~ 4。在生产实践中，因受田间群体结构、环境条件和栽培管理等因素影响，生产指标远远低于理论产量。在合理叶面积指数范围内，栽培株数越多，其产量也就越高。因此，栽培黄瓜必须因品种、栽培形式来确定合理密度。一般来说，春黄瓜可每亩定植 3300 ~ 3500 株。虽说提高种植密度有利于提高产量，但因施肥、管理方式不同，还要根据自己棚内的情况，参考品种的生长特性，合理调节种植密度。

二是科学定植。定植苗要严格筛选，剔除病苗、弱苗及嫁接不合格的苗。定植时要轻提苗。轻提苗可以明显减少黄瓜伤口，减轻病害发生。黄瓜育苗多使用穴盘，定植取苗时需注意，不能直接捏着茎秆将苗提出，而应轻捏穴盘中下部，将苗坨取出（图 1-18）。这样不仅可以减少在茎秆上形成伤口，还可以保护根系，减少断根，防止病原物侵染，减少病害发生。

图1-17　黄瓜栽培要把好定植关　　图1-18　定植取苗

　　许多菜农都有定植后立即浇大水灌溉的习惯，这种方法适宜温度较高的夏秋季节，在早春季栽培则要浇小水。浇大水严重影响了地温升高，使根系再生困难；早春季水分蒸发量小，大水使得较长时间内土壤水分过多、空气减少、透气性变差，影响根系发育，甚至造成沤根。浇小水一般是隔行浇水，总量要少，大约为普通浇水量的1/3 ～ 1/2。

10. 春露地黄瓜要施足基肥及时追肥

　　问：每年的黄瓜开始结得蛮好，可总是结不了几批就只能罢园了，是什么原因？

　　答：要想黄瓜结得好，产量又高，不早衰，一定要在施肥上下功夫（图1-19）。黄瓜产量高，精细管理，每亩产量可达 5000 千克以上，因此需肥量大，不仅要求基肥充足，而且在生长期要及时多次追肥。

图1-19　黄瓜挂果期应及时追肥

在基肥方面，建议每亩施优质腐熟农家肥5000千克、饼肥100千克、复合肥40千克。

在根瓜坐住后开始追肥，追肥必须与灌水相结合，要少施勤施，施肥数量掌握"两头少中间多"，开沟条施或穴施。双行栽植的可在行间开沟追肥，小畦单行栽植的可在小畦埂两侧开沟追肥。一般每亩施腐熟细大粪干或细鸡粪500千克，与沟土混合后再封沟，也可在畦内撒施草木灰100千克，施后划锄、踩实，然后浇水。

结果期要根据植株长势及时追肥，少施勤施，一般7～8天追肥1次，每亩追施硫酸氢铵10千克左右或腐熟人粪尿300千克左右。后期为了防止植株脱肥，还可喷施叶面肥料。

11. 春大棚黄瓜施肥管理有讲究

问： 大棚黄瓜从4月份就开始上市了，价格好，经常施肥可就是不长，是什么原因？

答： 采用大棚进行黄瓜的春提早栽培，这种方法上市早，价格高，效益佳。施肥要讲究方法，不能水水带肥，这样容易产生盐渍化（图1-20），不但黄瓜植株不长，而且有可能导致各种土壤病害，以及酸化、板结不透气等现象。

图1-20　大棚黄瓜生长期要防止水水带肥使土壤盐渍化

在施基肥方法上，建议石灰改土，多施有机肥，如每亩施生石灰100千克、优质腐熟农家肥4000～5000千克、饼肥60千克、复合肥50千克。

在追肥方面，一般在黄瓜抽蔓期和结果初期追施2次0.2%～0.3%

的三元复合肥，每次每亩15~20千克，也可用1%尿素进行叶面喷施。到结果盛期结合灌水在两行之间每次每亩追施人粪尿约1500千克或复合肥5千克，共追施2~3次，注意地湿时不可施用人粪尿。

此外，有条件的还可以采用二氧化碳施肥，在开花坐果期开始施用，可增产20%~25%。一般在日出后1小时开始施用，到日出后2小时左右棚内气温达28℃时即停施，停施2小时后开始通风，下午和阴雨天不施。施用浓度为1000~1500毫克/千克，注意不能过量施用，否则会产生副作用。

12. 秋黄瓜结瓜期追肥应高钾型与平衡型肥料配合施用

问： 黄瓜追了许多高钾型肥料，但还是表现出弯瓜等缺肥状，是什么原因？

答： 秋黄瓜进入坐瓜期（图1-21），若仅仅大量的追施高钾型水溶肥，易导致营养生长与生殖生长失衡，科学的做法是与平衡型水溶肥配合施用。

图1-21　露地秋黄瓜结瓜期

这是因为营养生长是生殖生长的基础，营养生长为生殖生长提供必要的碳水化合物、矿质营养和水分等，也就是说生殖生长要以营养生长为先导。黄瓜进入花果期后，营养生长与生殖生长并进。如果此时只注重冲施高钾型水溶肥，会造成营养生长与生殖生长失衡，使营养生长偏弱，植株的开花坐果减少，瓜条发育受到制约，容易形成大头瓜、尖头瓜等畸形瓜。

因此，黄瓜结瓜期的追肥，建议根据其需肥规律来进行追肥，生长期内要以平衡型肥料为主，大量结瓜期植株对钾肥的需求增多，要穿插施用高钾型水溶肥，结瓜初期可以施用两次平衡型肥料（20-20-20）配合一次高钾型肥料（20-10-30+TE，或15-15-30），结瓜盛期可施用两次高钾型肥料配合一次平衡型肥料等。

此外，采用大棚栽培的，有条件的还要调节好温度，促进营养生长与生殖生长的平衡。应拉大昼夜温差，减少呼吸消耗，促进养分积累。对刚刚进入结瓜期的黄瓜，应保持适宜的温度，促进营养生长加快进行。若植株生长较旺，要尽量通风降温（特别是夜温），促其转壮。白天将棚温控制在30℃左右，夜温控制在18℃左右，昼夜温差在10～15℃，以抑制营养生长。

13. 秋延迟大棚黄瓜要适时播种并加强后期管理

问： 现在（9月）种植大棚秋黄瓜还来得及吗？

答： 已经迟了。请记住，大棚不是万能的，在长江中下游地区，黄瓜采用大棚进行秋延迟栽培，一般应于7月中旬至8月上旬播种，8月上旬至8月下旬定植，9月中旬至11月下旬供应市场的栽培方式，一般价格较高，经济效益好。因为后期气温低，大棚提温保温能力有限，所以要注意播种期不要太迟，否则达不到理想产量（图1-22）。

图1-22　某秋延后水果黄瓜播种过迟达12月中旬未取得理想产量

如果这个时候（9月上旬）有现成的菜苗购买来定植，并通过加强田间管理，还是可以的。

一是要施足基肥。建议每亩施用优质腐熟圈肥 5000 千克、过磷酸钙 100 千克、草木灰 50 千克作为基肥。并每亩用 50% 多菌灵可湿性粉剂或 50% 甲基硫菌灵可湿性粉剂 1.5 千克进行土壤消毒。整成畦底宽 80 厘米的大畦，中间开 20 厘米的小沟，形成两个宽 30 厘米、高 10 厘米的小垄，每个小垄栽植一行。

二是把好定植关。按株距 20 ~ 25 厘米，每亩栽植 4500 ~ 5000 株。栽植时先把苗摆入沟中，覆土稳坨，沟内灌大水，1 ~ 2 天后土壤干湿合适时先松土再封埋。定植深度以苗坨面与垄面相平为宜，不宜过深。

三是搞好温湿度调节。结瓜前期气温高，应将棚四周的薄膜卷起只留棚体顶部薄膜，进行大通风。及时中耕划锄，降低土壤湿度。到 10 月中旬时，当月平均气温下降到 20℃，夜间最低温度低于 15℃时要及时扣棚，覆盖棚膜前，可先喷施 50% 多菌灵可湿性粉剂 800 倍液防止霜霉病，覆膜初期不要盖严，根据气温变化合理通风，调节棚内温度，白天棚内温度宜保持在 25 ~ 30℃，夜间 13 ~ 15℃。当最低温度低于 13℃时，夜间要关闭通风口。结瓜后期，要加强保温管理。

四是加强肥水管理。定植后应防止秧苗徒长，控制浇水，少灌水或灌小水，少施氮肥，增施磷、钾肥，或采用 0.2% 磷酸二氢钾液根外追肥 2 ~ 3 次。插架前可进行一次追肥，每亩施腐熟人粪尿 500 千克或腐熟粪干 300 千克。盛瓜期一般追肥 2 ~ 3 次，每次每亩用尿素 10 千克或腐熟人粪尿 500 ~ 750 千克，随水冲施。还可结合防病喷药，喷施 0.2% 尿素和 0.2% 磷酸二氢钾溶液 2 ~ 3 次。温度高时浇水可隔 4 天浇一次，后期温度低时可隔 5 ~ 6 天浇一次，10 月下旬后隔 7 ~ 8 天浇一次。11 月份如遇连阴天、光照弱时，可用 0.1% 硼酸溶液叶面喷洒，有防止化瓜的作用。

五是及时防治病虫害。秋延后黄瓜主要有霜霉病、枯萎病、白粉病、细菌性角斑病、蚜虫、美洲斑潜蝇、瓜绢螟等，应及时防治。

14. 黄瓜生长期要合理浇水施肥防止伤根死棵

问: 黄瓜出现黄叶、膨瓜慢（图 1-23）、瓜把长，有的整个植株死了。主根没有病斑腐烂症状，切开后维管束也没有变褐，不知是什么原因？

答: 通过对拔出来的植株用清水冲洗根系，发现毛细根已经全部腐烂，皮层也很容易脱落。可能是粪肥烧根，或浇大水沤根或追肥质量有问题等导致的毛细根受伤。为防止毛细根受伤，应从以下几个方面着手。

图1-23　黄瓜膨瓜慢现象（土壤盐渍化）

一是要适时适量浇水。黄瓜根系浅，浇水较勤较多，但若浇水不合理极易导致沤根，轻则导致植株长势变弱，产量降低，重则引发严重的根部病害，出现大面积死棵。浇水时，要控制好浇水量，做到水过地干，避免出现积水，保证土壤中充足的氧气供应维持根系所需。滴灌一般不会出现积水，但不代表不会出现沤根，更不代表浇水量可以随意加大。

二是及时中耕松土、合理施肥、多施有机肥改良土壤，增加土壤透气性。重茬、施肥不合理，翻耕地浅等，导致土壤盐渍化、板结等问题日益突出，土壤通透性下降，根系下扎困难，集中在土壤表层，更容易受浇水、肥料等因素影响，造成沤根、死棵等。因此，要想方设法改善土壤通透性。如在歇茬期增加秸秆、草炭等有机肥，深翻土壤30～40厘米，利用起垄栽培，改善地膜覆盖方式，多次中耕松土，使用滴灌等，维持较高的土壤透气性。

此外，还可通过使用功能性产品来改善透气性。如施用腐植酸等松土产品，并搭配生物菌剂。

三是使用生根剂快速促根。对于毛细根已经受伤的，要注意及时促根防病，促进植株快速恢复，预防根部病害造成大量死棵。如使用胺鲜脂、复硝酚钠等激素，促进根系再生。除了生根剂，还要注意选择好的生物菌剂。当前，生物菌剂在促进生根、养护根系方面的效果更加突出。可每亩使用太抗枯草芽孢杆菌500克、太抗哈茨木霉菌500克等。

15. 黄瓜开花坐果期注意加强肥水管理，并叶面喷施硼钙肥

问： 结出来的刺黄瓜瓜条有棱，切开发现里面有些空洞，影响商品性和口感，生产中如何加强管理避免这种现象？

答: 正常的黄瓜，应是圆润丰满、瓤满汁多，若表现为起棱、空心（图1-24、图1-25），则口感差。黄瓜空心原因有多种：一是肥水管理不当；二是雌花授粉不完全；三是缺硼、缺钾；四是高温干燥期生长势减弱，或受大幅度升降温天气环境影响，或由于地温过低或过高而引起的根系受害，从而导致了黄瓜植株水分、养分比例失调。

 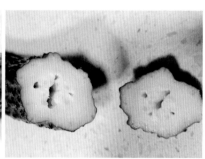

图1-24　黄瓜缺硼致起棱　　　　图1-25　黄瓜缺硼致空心

因此，应加强黄瓜结瓜期的温度、肥水等管理，大棚黄瓜要及时通风透气，增施腐熟有机肥，花期结合防治病虫害叶面喷施硼钙肥加磷酸二氢钾肥。及时绑蔓，摘除病叶、老叶和黄叶，及时采收等。

16.黄瓜定植及定植后加强田间管理，防止茎叶弱棵

问: 黄瓜结了几条就不结了（图1-26），藤子还没有一个人高，不知是什么原因？

图1-26　黄瓜弱棵不结瓜

答：这种情况是黄瓜的一种生理现象——弱棵。与定植期间及定植后的田间管理不到位有关。防止黄瓜植株茎叶弱棵要从多个方面综合发力。

一是要加强苗期管理。定植时操作要规范合理，冬春茬要采用起垄定植。定植时要浅栽、露坨。应参看天气预报，选冷尾暖头连续晴天的下午定植，利于快速缓苗。定植水要小。定植后，应注意多划锄、晚覆盖地膜，行内起拱覆膜，行间覆盖秸秆，提高土壤通透性，确保良好的土壤环境。浇定根水、缓苗水时可结合施用生物菌肥和海藻酸、甲壳素等功能性肥料，对促进根系生长，改善弱苗情况效果良好。

二是要降温或增温改善设施条件。夏季温度高，尤其是夜温高，有机营养消耗多，定植时间较早的，要采用设置遮阳网等辅助降温。早春季节温度低，光照弱且光照时间短，营养积累少，要确保大棚内的温度不低于12℃。新棚保温性好，旧棚保温性差，可以覆盖玉米秸秆、保温膜，棚内设置套棚膜，及时更换保温材料等增强大棚的保温性。黄瓜喜高温，一般选择保温性更强的 PVC（聚氯乙烯）或 PO 膜，及时擦拭棚膜脏物以提高透光率。

三是合理整枝。创造良好的田间结构，使上下叶片见光良好、通风优良。整枝时要防止留瓜早、落蔓低的现象。一般根瓜往往贴地，多为弯瓜，着色不好，商品性差，宜摘掉不留。到了结瓜盛期，一般 3 片叶留一条瓜，切勿节节留瓜，尤其是一些纯雌性品种，留瓜过多易弱棵。落蔓要保证黄瓜正常生长所需保留 12 片叶以上，植株高度应在 1.5～1.6 米。摘叶时应选晴天进行。

四是下促上养。若黄瓜长势衰弱，应及时采取壮棵措施，如及时冲施甲壳素、海藻酸及生物菌肥等，养护根系，提高吸收能力，配合施用高氮型全水溶性肥料，补充养分，提高长势。叶面喷施 0.5% 几丁聚糖可溶性液剂 500 倍液、全营养叶面肥 300 倍液、葡萄糖 200 倍液、氨基酸或核苷酸叶面肥 1000 倍液等，提高叶片抗逆性。及时摘除大瓜，暂停蘸瓜等，以促进植株快速恢复生长。

17. 春秋季节水果黄瓜生长期要加强管理防止皱皮

问：水果黄瓜瓜皮破裂翻起来（图1-27）是什么原因造成的，如何预防？

答： 这种现象俗称皴皮，是春秋季节水果黄瓜高发的一种生理性病害，是由于通风不良，或蘸花药浓度过大，或药害，或缺钙、硼等中微量元素，或大量冲施高氮肥料或者激素含量较高的促根型肥料导致的植株体内激素含量异常，使膨瓜速度与瓜皮的生长速度不一致，而水果黄瓜的瓜皮又非常薄，很容易出现裂口，导致皴皮瓜。

皴皮一旦发生，往往是整棚性，不可逆转，对产量产值造成较大损失，因此要针对水果黄瓜皴皮的可能原因，加强管理，提前预防。

图1-27　黄瓜瓜条皴皮现象

一是选择厚皮耐皴品种。在同样环境条件下，不同的水果黄瓜品种之间皴皮发生概率的差异也是很大的。可选用耐裂、果皮厚的品种。

二是通风时要注意棚内温度和湿度。棚内湿度大的时候，如果天气较好，可在开棚后1小时左右先开小口通风15～20分钟，降低棚内湿度，然后逐步扩大通风。切忌在棚温达到30℃以上时再进行放风。尽量不要在瓜条上有露水时通风，开始通风时尽量要小。

三是配制合适的蘸花药。秋季气温快速降低，要适当提高蘸花药浓度，但要先试验后推广。一旦因蘸花药浓度过大出现皴皮，可通过叶面喷施爱多收6000倍液进行缓解。

四是合理用药，防止药害。一次性混用药剂不宜过多，一般2～3种单剂复配就可以了。温度降低后若采取熏烟方式，应注意熏烟时间不宜过长，一般6～8小时，于夜间12:00左右熏烟为好。喷药时，最好选择天气晴朗的下午，尤其是连阴天后，要给植株留出足够的缓冲期，一般晴天第2～3天再进行喷药。一旦发生药害，可以将发生皴皮的黄瓜摘除，然后叶面喷施芸苔素内酯混加细胞分裂素缓解药害。

五是及时补钙。在基肥中增加钙肥补充，在缓苗期和结瓜期，每月冲施一次石原金牛悬浮钙，亩用1升。叶面喷洒药剂时，可搭配石原金牛悬浮钙、安融乐助剂。对于缺硼、钙等造成的皴皮瓜，可在叶面喷施全营养叶面肥。蘸花药中加入含铁、钙等的叶面肥，可提高瓜条抗性，改善品质。

六是加强肥水管理。要保持棚内土壤见干见湿，浇水不要过大，避免瓜条突然吸水快速膨大，出现皲裂。建议使用微灌。追肥以高钾肥料为主，配合甲壳素、海藻酸等肥料，促进生根。

18.黄瓜"喝"糖水，病少质佳产量高

问： 听说给黄瓜喷糖水（图1-28）可治病害，这种说法正确吗？

图1-28　给黄瓜喷糖水可防病增产

答： 有一定道理，在黄瓜植株缺糖的情况下，黄瓜易染霜霉病，如果将糖、尿素、水按1∶1∶100的比例混匀，在清晨或下午4:00后叶面喷洒，每5～7天喷1次，连续喷四五次，对黄瓜霜霉病防治效果特别好。用药要早在没得霜霉病的情况下使用效果最佳，用糖最少。

如果仔细观察发现及时，黄瓜得了灰霉病、细菌性角斑病等病，可以早先配制红糖水药液喷洒植株。配药方法是：按红糖300克，加入500毫升水中，完全溶解后放入10克酵母，每天搅拌1次，放置约20天后，表面会出现1层白膜，再加米醋、白酒各100克，兑水50千克。一般隔7天喷1次，连续喷4次。

糖水药液还可以防治黄瓜病毒病，将1%糖水加入20%吗胍·乙酸铜可湿性粉剂500倍液，加30毫克/千克的赤霉素，再加6000倍液的硼砂混合液，每5～7天喷1次，连喷三四次，防效好。

糖的价格便宜，喷在黄瓜植株上有益无害，如果在幼苗期喷施0.3%的糖溶液，秧苗生长都要粗壮些，叶片特别肥大，心叶生长快，

抗寒能力强，结瓜期喷施0.5%～1%的糖溶液和0.3%～0.4%的磷酸二氢钾混合液，每5～7天喷施1次，黄瓜瓜条顺直，弯瓜减少，瓜色鲜绿，口感好，上市价格高。

19. 黄瓜开花坐果期应加强田间管理，防止弯瓜现象

问： 黄瓜结到一段时间就出现弯瓜，这样的瓜结出来肯定没人要，要怎么管理才能防止弯瓜？

答： 黄瓜在结瓜期出现弯瓜（图1-29）是生产中的一种常见现象，此外，还有大肚瓜、尖头瓜、蜂腰瓜等，统称畸形瓜。其可能的原因有植株老化，或叶片发生黑星病等病害、肥料不足、光照少、干燥等引起营养不良，或种植过密、结果较多，或摘叶多、雌花小、发育不全、干旱伤根

图1-29 黄瓜畸形瓜

等，还有由于绑绳、吊绳、卷须等缠住了瓜纽而弯曲。

因此，黄瓜进入开花坐瓜期后，应加强田间的整枝打杈、绑蔓、肥水、病虫害防治管理，避免土壤过干过湿，适时适量追肥，提高光合效率。要根据植株的长势选留瓜，发现弯瓜等畸形瓜要及时摘除。大棚还要加强温光湿气的管理，适时防治黑星病。

20. 黄瓜落蔓要注重细节

问： 早春大棚黄瓜如何落蔓促增产？

答： 落蔓是黄瓜种植管理中比较简单的一项操作（图1-30、图1-31），但生产中时有落蔓过低、功能叶片数量不足等，影响膨瓜；落蔓时造成伤口，导致病害发生等。因此，有必要介绍一下落蔓的技术要领。

一是落蔓高度要适宜，保证足够的叶面积。由于用工费用较高，为了减少支出，有的一次性落蔓过低，以减少落蔓次数，导致功能叶片数不足，植株制造的光合产物不足，植株长势减弱，畸形瓜增多。一般要

图1-30 早春连栋大棚种植黄瓜要及时落蔓 图1-31 黄瓜落蔓有讲究

求功能叶至少在13～15片之间，黄瓜落蔓后高度得维持在1.5～1.6米，可维持最佳的叶片数量。

二是落蔓前后最好不要浇水。这样做的目的是避免增加棚内湿度，给病害的发生创造机会。

三是落蔓后适当摘叶。落蔓应配合将贴地面的叶片摘掉（最好留下叶柄）。若黄瓜落蔓后不摘叶，落蔓后，下部叶片铺在地面上，叶片聚集在一起，光照条件极差，不利于地温的提升；由于叶片的聚集，植株下部空气流通差，再加上冬春季外界气温低，棚内湿度增大，植株抗逆性下降，病原菌极易从老叶处侵染，进而导致病害大发生。

可先将下部老叶摘除，待伤口干燥后再落蔓，也可以摘叶与落蔓同时进行，一边摘叶，一边落蔓。黄瓜落蔓还要注意选择晴天上午进行，确保伤口尽快恢复，不能选择阴天或者晴天下午，减少病害侵染的概率。摘叶落蔓后，要注意及时喷洒一遍药剂，可选择哈茨木霉菌等生物菌剂或百菌清、甲基硫菌灵、噻菌铜等，防止伤口染病。

四是落蔓后防茎蔓贴地。随着不断落蔓，黄瓜自身茎蔓贴近地面，湿度又比较大时易萌生不定根。应在落蔓后勤检查，尤其是浇水以后，若发现有不定根则立即剪掉。断根后可用细干土或者铜制剂涂抹伤口处，以防病菌从伤口处侵染。

21. 春黄瓜应合理留瓜促进高产优质

问： 春黄瓜留少了只长藤子，留多了畸形瓜多（图1-32），如何留瓜？有何技巧？

答： 根瓜留还是不留？高产期是连续留瓜还是隔叶留瓜？确实，春黄瓜结瓜期，要想黄瓜高产高效，合理留瓜是极为关键的一环。

一是要适当晚留瓜。黄瓜留瓜过早，很容易坠住棵子，形成弱棵，植株后期更容易出现早衰现象，并且由于前期植株还未形成壮棵，过早留瓜，也易长成畸形瓜，从而降低品质。因此，应晚留瓜，前期以促根下扎，养护根系，培育壮棵为主，一般是去除根瓜后，10～11片叶再开始留瓜，这样既有利于养分集中供应瓜条，又能避免后期早衰。

二要根据植株长势留瓜。见瓜就留，有瓜就蘸的留瓜方式很不合理，往往会导致留瓜过多，尤其是本来长势就偏弱的植株，分配到每支瓜上的营养就会减少，容易产生畸形瓜，而且植株长势会变得越来越弱。一般根据长势来留瓜，长势较强的植株，按照瓜蔓上一大一小加一纽留瓜；若植株长势特别旺盛，高产可按照一大一中一小加一纽的留瓜方式；若植株长势弱，要多隔几片叶再留瓜，瓜蔓上只保留一大加一纽即可。

三是结瓜盛期连续留瓜时不隔叶。在结瓜盛期，尤其是黄瓜价格较高的时候，为提高产量，增加经济效益，可连续留瓜，但不隔叶，这是因为，当连续留瓜时，营养要同时供应两支大小相当的瓜条生长，养分分配相对来说比较均衡，但是，若隔叶留瓜，由于上部的小瓜蘸瓜时，下部的瓜条正处于膨瓜期，上部小瓜争夺养分的能力弱，瓜条分配的营养少，很容易形成畸形瓜。所以，当连续留瓜时，不建议隔叶留，以减少畸形瓜的出现。

22. 黄瓜合理蘸瓜增产提质技术措施

问： 看到外地的黄瓜运来我地，黄瓜上的花还在，看起来很新鲜（图1-33），听说是用了点花药，请问配方是什么？我也想试试。

答： 黄瓜蘸花药在保花保果、降低畸形果发生率、提高产量、改善品质等方面，起到了非常显著的作用。一般在黄瓜雌花花朵刚开放时使用，常用蘸花药配比是，3～4包坐瓜灵（5毫升/包）+2包顺直王（15毫升/包）+半包25克/升咯菌腈悬浮种衣剂（10毫升/包）+5千

图1-32　春黄瓜合理留瓜有讲究　　图1-33　黄瓜蘸药保花保果

克水。冬季温度低时，使用5千克水兑4包坐瓜灵，夏季温度高时，则5千克水兑3包坐瓜灵，要根据季节变化做好调整。因为大棚环境、蘸花习惯等不同，最适合的蘸瓜药配方也存在一定差别，注意做好调整，选择最适合的配方。

除了蘸药配比外，还要注意蘸花的方法。蘸花时，一定要注意药液的使用量不要过多，以避免滴到植株生长点上或叶片上，发生激素中毒。如果将药液滴落到黄瓜的嫩枝、嫩叶及生长点上，很快会出现萎缩中毒现象，从而产生药害，或造成激素积累中毒。若蘸黄瓜的时候只是蘸了蘸黄瓜头，黄瓜易产生畸形瓜。药剂也不能一直蘸到瓜根处，否则药剂通过根部向植株本身传导，容易导致激素中毒。蘸瓜药蘸到瓜条的2/3处为宜。

蘸花药对结瓜质量有非常大的影响，即使植株再壮再好，蘸花药出现问题也无法结出好瓜。所以，在更换蘸花药时，即使是同一配方，也要先进行试验，更换药剂更要注意做好试验，以免出现问题造成大的损失。

23.黄瓜生长期应加强管理，防止化瓜现象

问： 黄瓜的雌花不开，有些发黄、萎蔫了（图1-34），是怎么回事？

答： 这种情况叫化瓜现象。在黄瓜等瓜类生产中是普遍发生的。其发生的可能原因有营养生长不足或过旺、气候条件不适、种植过密、病虫害影响、不合理采收、二氧化碳浓度不够等管理原因。因此，要避免化瓜就要从加强田间的综合管理入手。

一是培育壮苗，增强抗逆能力，定植前加强锻炼，大棚栽培在低温

时注意加温，高温时及时放风降温。合理密植。

二是加强前期肥水管理，促进发根，增强根系吸收能力，中后期追肥要根据植株长势进行，促控结合。施用充分腐熟的厩肥、鸡粪、人粪尿、豆饼等有机肥，氮素化肥最好和过磷酸钙混合使用或深施到土壤里，少用尿素，追肥后加强通风。

三是阴雨天和昆虫少时，进行人工授粉刺激子房膨大。

四是尽量选择单性结实能力强，坐果率高的品种。品种要根据季节、栽培环境（露地、保护地）的不同进行选择。早春保护地栽培应选择耐低温、弱光的品种；夏季露地栽培要选择抗高温、长日照的晚熟品种；秋季栽培要选择苗期耐高温、后期耐低温的中晚熟品种；冬季栽培一定要选择耐弱光、短日照、抗严寒的品种。

五是绑蔓整枝等田间操作时仔细，避免损伤幼瓜（图1-35）。

图1-34　黄瓜花萎蔫化瓜　　　　图1-35　黄瓜绑蔓要小心

六是加强病虫害的防治，对病害首先是防，其次是治，对虫害早治。

七是幼果生长旺盛期用磷酸二氢钾或高效复合肥进行根外追肥。如黄瓜雌花开花后，可分别喷雾赤霉酸、吲哚乙酸、腺嘌呤等。亩用农用稀土30克，温水稀释成一定浓度进行叶面喷洒，对减少化瓜促进果实生长具明显作用。

八是适时采收已达商品成熟度的果实。

24. 苦黄瓜倒胃口，防治有办法

问：有些人买了我的黄瓜后说味道苦，我吃了一条生黄瓜，果然在果梗肩部吃出了苦味，请问是什么原因导致的？有办法解决吗？

答： 黄瓜发苦是由于瓜内含有苦味物质苦瓜素，一般以近果梗肩部为多，先端较少，以初上市的新鲜根瓜及盛花后期的瓜为多（图1-36）。

黄瓜产生苦味是一种生理性病害，主要是由于苦味素在瓜中积累过多所致。该病受特定小气候影响，一般温室中的发病率较露地高，其产生原因多样，要针对不同原因采取相对应的措施早预防。

有些黄瓜苦确实是品种原因，现在一般是选用津杂2号、津杂4号、津优30号等品种，这些品种较好。

黄瓜之所以发苦，还有许多原因。

其一，根瓜期水分控制不当，或生理干旱形成苦味。所以，一般根瓜容易出现

图1-36　苦味黄瓜原因多

苦味，生产上要合理浇水，棚土手握成团可不浇，浇水应做到见湿见干。

其二，氮肥偏高，瓜藤徒长，在侧弱枝上结出的黄瓜容易出现苦味瓜。生产上要采取平衡施肥，在基肥中每亩普施过磷酸钙50千克，或磷酸二铵50千克条施于定植沟中；盛花期按照氮磷钾5∶2∶6的比例施肥；生育后期采取叶面喷施磷酸二氢钾。

其三，地温低于12℃，植株生理活动降低，养分和水分吸收受到抑制，造成苦味瓜。高温时间过长，营养失调也会出现苦味瓜。冬春栽培要加强覆盖保温，早揭晚盖，使用无滴防老化膜，延长光照。搞好温湿调控，调整放风口，使上午温度保持在25～30℃，相对湿度75%；下午温度保持在20～25℃，相对湿度70%。

其四，植株衰弱，光照不足以及真菌、细菌、病毒的侵染或黄瓜发育后期植株生理机能的衰老都是苦味瓜产生的原因。因此，调节黄瓜营养生长与生殖生长、地上部和地下部间的生长平衡，是防止苦味发生的根本措施。

25. 日光温室黄瓜水肥一体化管理有讲究

问： 大棚黄瓜准备采用水肥一体化施肥浇水管理，请问有好的方案吗？

答：大棚黄瓜采用水肥一体化施肥浇水，省工省力省成本，是目前大力推广应用的新技术。以下水肥一体化管理方案供参考。

定植后至坐瓜前不追肥，可结合喷药，用0.2%磷酸二氢钾+0.2%尿素或0.3%三元复合肥叶面喷肥。第一次灌水在定植时进行，用水量为15～20米³/亩。当植株有8～10片叶、第一瓜长约10厘米时，进行第二次灌水并结合施肥，每亩施尿素10～15千克、硫酸钾10～12千克，用水量为15米³/亩。入冬前，每15～20天追肥1次，除结合追肥浇水外，从定植到深冬季节，应以控为主，如果植株表现缺水现象，可浇小水。2月下旬后，黄瓜需水量增加，要适当增加浇水次数和浇水量，每隔7～10天浇1次水。进入盛果期后，可适当减少灌水次数，盛果期结合浇水每10～15天追施1次化肥，每次每亩用尿素8～10千克、硫酸钾12～15千克。黄瓜全生育期可以灌水12～15次，追肥8～10次。生育后期可用0.2%～0.3%尿素溶液或磷酸二氢钾溶液进行叶面追肥，以壮秧防早衰（图1-37、图1-38）。

图1-37 日光温室栽培黄瓜　　图1-38 黄瓜水肥一体化施肥浇水

26. 越夏黄瓜结瓜期要注重根系养护防早衰

问：越夏黄瓜一到结瓜期就容易出现茎蔓细弱、黄叶的早衰情况，请问有何高招？

答：越夏黄瓜茎蔓细弱、黄叶早衰与根系发育和吸收不良有很大关系。生产中常因地温高、浇水过量、土壤盐分高、根部病害等导致根浅、根弱、伤根、烂根等问题，限制了越夏黄瓜产量的提高。应针对这些制约因素采取综合管理措施，养根护根。

一是降低地温。夏季高温、强光，地温很容易上升至 30℃ 以上，而黄瓜根系的适宜生长温度为 20 ～ 25℃，地温超过 28℃，根系几乎停止生长。因此，越夏黄瓜定植后，一定要确保地温在适宜的范围内。可采取覆盖遮阳网、喷洒降温剂、水渠储水、喷灌设施补水和地面铺设秸秆等措施来降低温度（图 1-39、图 1-40）。另外，要尽量少摘植株下部的叶片，这些老叶可以遮挡强光的照射，有效防止地温快速升高。

图1-39　夏秋黄瓜遮阴降温　　　　图1-40　黄瓜操作行覆草降温

二是适当控水。定植后应适当控水蹲苗促进根系深扎。缓苗后适当减少浇水次数，控水的程度以不发生严重萎蔫为宜。浇水时应小水勤浇，但 2 ～ 3 次小水之间应该浇一次大水，避免水分总是停留在土壤表层，根系浅，浮根多。同时，还要结合长势勤中耕松土，切断水分蒸发的通道，利于保持土壤湿润。浇水应在地温与水温最接近的早上浇。

三是增施菌肥。连续多年种植的老棚，盲目冲施水溶肥增加了土壤当中盐离子的含量，土壤团粒结构和微生物群体受到破坏。应适当降低水溶肥用量，增施生物菌肥，改善土壤理化性状，提高土壤有机质含量和解钾、释磷、固氮的作用。罢园后，应大水浇灌洗盐，并增加有机肥的投入，改善土壤的有机质含量和促进团粒结构的恢复。

四是使用生根剂。越夏黄瓜定植后生根慢，适当使用甲壳素、氨基酸、海藻酸类的非激素型生根剂可辅助生根，促进快速缓苗。

五是合理落蔓。黄瓜植株长起来后，要注意晚落蔓，保持较高的植株高度，增加叶片数量。不要一次性落蔓过低，落蔓后的高度应在 1.5 米以上。由于植株生长较快，可当植株长到 2 米左右时再落蔓。

六是药剂防病。越夏黄瓜常发生立枯病、镰刀菌根腐病、拟茎点霉根腐病等根部病害，进而引起植株萎蔫死棵。可以采用蘸苗、冲施相结合的方法。如定植时用恶霉灵 + 霜霉威、噻虫嗪 + 亮盾 + 根多乐等药剂蘸根，或用枯草芽孢杆菌，以防缓苗时病菌侵染；缓苗后，可冲施菌康宝或海藻速膨等促进生根，防根部病害。

另外，夏季雨水多，要严防雨水进棚，避免沤根。

27.大棚越夏黄瓜出现光长藤不结瓜应加强田间管理

问： 我的大棚黄瓜藤子长得很好，只怕有 2 米多高了，叶片很大，但就是结得瓜少（图1-41），仅有的几条还是大肚瓜，请问是什么原因？

图1-41 黄瓜植株旺长结瓜少

答： 藤子长得好，不代表瓜就结得多。这种情况就是藤子长得太好，营养生长过旺导致了黄瓜空蔓不结瓜。在瓜类作物上，茎叶等营养器官与雌花等生殖器官争夺营养，导致雌花营养供应不足，子房的植物生长素含量减少，不能结实而化瓜。在生产上主要依靠加强田间管理来防止此类现象的发生。

一要尽量留瓜。即使留住的瓜质量不好也保留，可以适当地增加蘸花药的浓度，促进黄瓜坐住，来迫使营养生长向生殖生长转化。

二是拉大昼夜温差。在高温季节，要适当遮阴，合理浇水，日夜通风，减少土壤见光。可采用铺设遮阳网或者喷洒降温剂。要注意不要去掉下部的老叶，使之能遮挡强光照射，防止地温快速升高，避免夜间散出过多热量。

三是连阴骤晴后要注意遮阴。大棚内温度过高，尤其是连阴后突然晴天温度剧变时，化瓜也会相当严重。因为连阴时温度低，突然转晴，光照过强，温度过高，导致连续几天的坐瓜率降低。因此，转晴后要遮阴，避免棚温过高。

四是切勿冲施氮肥偏高的肥料。浇水时可适当冲施低氮高钾型的肥料，以避免营养生长过旺。

五是使用化学药剂控旺。可喷施矮壮素、助壮素、叶绿素等控旺药剂，如用叶绿素20克兑水15千克，快速扫头，或者10克兑水15千克，上下全喷，可抑制旺长。

28. 黄瓜无头要及时查找原因对症防治

问： 黄瓜长着长着就没了头（图1-42），这是怎么回事呢？

答： 这是一种黄瓜无头现象，是指黄瓜在生长过程中生长点消失，下部叶片往往较正常叶片大而肥厚。黄瓜无头现象在黄瓜生长期间发生较为普遍，少则几棵几十棵，多则有几百棵，植株长势受阻，坐瓜能力减弱。

图1-42　黄瓜苗无头

造成黄瓜无头的可能原因有低温寡照，光合产物合成不足；或留瓜过多，生长点得不到足够的营养，逐渐退化；或缺硼、缺钙，导致黄瓜生长点停止生长；或是细菌性缘枯病、黑星病、灰色疫病等侵染性病害导致；或是连续喷施氟硅唑、氟菌唑、苯醚甲环唑等三唑类药剂或土壤中存在抑制植株生长的有害物质，或底肥、追肥的肥料中存在有害物质，均有可能使植株表现异常；或螨虫危害，危害发生早的黄瓜幼苗可能只剩下两片子叶，子叶异常肥大。因此，要对照可能的原因及时防止，或通过加强管理提前预防。

一是补充硼、钙。叶面喷施含硼、含钙的叶面肥。在平时的肥水管理过程中，要平衡施肥，避免偏施高氮、高钾肥料，以免影响硼钙的吸收。加强甲壳素、海藻酸、微生物菌剂、氨基酸类功能性肥料的施用。

二是及时提头。蔬菜出现无头症状后，顶端优势丧失，侧芽萌发，可以选择一个健壮侧枝留下，其他侧枝抹除，转入正常管理。植株生长点刚刚消失时，顶端分生组织仍能产生一定的生长素，因此，一旦发现生长点消失后，应立即摘除顶端组织，减少生长素形成，促进植株尽快萌发侧芽。若生长前期出现无头，可以喷洒细胞分裂素，促进侧芽快速萌发。或喷施芸苔素内酯等生长调节剂，促进生长点生长发育。

三是协调好营养生长和生殖生长。黄瓜进入结瓜期后，要注意营养生长和生殖生长的平衡，当植株长势较弱时，要及时摘除多余的雌花或小瓜纽，以减少养分消耗，并适当疏瓜，减少留瓜，调节营养流向，防止生殖生长过旺，从而影响植株龙头的生长。

四是合理整枝摘叶，增加通风透光性。摘叶主要是摘除病叶、黄叶。中上部叶片发育完全，光合效率高，是叶片光合作用的主力，不可轻易摘除。只有下部老叶因叶绿素减少，制造的营养有限，可适度摘除，摘叶落蔓后尽量保持植株高度在 1.6 米以上。

五是注意防治螨虫。可使用 240 克 / 升螺虫乙酯悬浮剂 1500 倍液 +50% 丁醚脲悬浮剂 1500 倍液喷雾，5 ~ 7 天喷施 1 次，连续喷施 2 ~ 3 次。喷药时重点喷施生长点新叶背面及嫩花、幼果等部位。

六是防治黑星病等病害。可选用 50% 多菌灵可湿性粉剂 800 倍液 + 70% 代森锰锌可湿性粉剂 800 倍液，或 2% 武夷菌素水剂 150 倍液 + 50% 多菌灵可湿性粉剂 600 倍液等喷雾防治。隔 7 ~ 10 天喷 1 次，连续防治 3 ~ 4 次。

29.大棚早春黄瓜瓜蔓整理可提质增产

问： 黄瓜到底要不要打枝，有的说不要打，有的说要打？

答： 这个要看情况。一般情况下，露地黄瓜整枝打杈的较少。但对于早春大棚栽培而言，特别是以主蔓结瓜为主的早熟品种，瓜蔓整理是一项极重要的增产技术。及时打去侧枝、卷须、雄花、顶芽和老叶，使养分能保证瓜蔓正常旺盛生长，并大量运往果实中，使主蔓上的瓜条迅速长大，可保证主蔓结瓜，及早上市，提高效益。但生产上有的整枝打叶过头，又影响了黄瓜的营养供应和生长，因此，要正确把握好整枝打叶等技术要领。

一是适时打杈（图 1-43）。要及时除去黄瓜主蔓上的侧枝。春黄瓜刚缓苗后瓜秧生长缓慢，为了促进根系生长和发秧，最初打杈可适当推迟，一般长足3片叶时先将侧枝的头打去，主蔓旺盛生长时再将全部杈摘除。以晴天打杈较好，不要在阴天或露水未干时打杈，引起伤口腐烂，传染病害。

二是合理疏花留果。黄瓜早熟品种在低温短日照时期育苗，雌花很多，有的整个植株节节有瓜，甚至一节有2～4个雌花，坐果过多，茎叶养分供应能力有限，化瓜率增加，或畸形果增加。应在雌花开放前疏果。一般每株瓜留一条即将成熟的瓜、一条半成品瓜、一条正在开花的瓜，各1～2叶留一雌花。但夏、秋种植的中晚熟品种雌花本来就少，一般不疏雌花。

三是适时打头。又叫摘心。有些大棚黄瓜直到藤蔓长到棚顶了，才开始打头，是不对的，因为这时候侧枝过多，杈蔓过长，与主蔓瓜竞争养分，降低产量。黄瓜应在长足30～35片真叶时打头。摘心后生长点停止分化生长，能将叶片制造的养分集中运送到果实，使果实生长加速，品质提高，采摘期提前。摘心后在雌花上留2片保护叶，能使顶部果实有充足营养供应，长足长大。易结回头瓜的品种摘心时间一般在拔秧前30天为宜。摘心过早，产量低；摘心过晚，不能发挥结回头瓜的作用。

四是及时掐卷须去雄花（图1-44）。卷须能消耗大量养分。掐去黄瓜卷须，便于养分集中向果实和植株运输。一般应在卷须长至3～4厘米时掐去，再早还看不到，晚了掐不动，也消耗过多的养分。黄瓜可以单性结实，又可以用外源激素处理，使黄瓜迅速生长。雄花必须借助于昆虫传粉，早春大棚栽培黄瓜由于温度低昆虫还未出来活动，或保护地温度过高，昆虫无法进入，不能帮助授粉。雄花消耗不少养分，应人工去雄花。去雄花应在看到花蕾时进行。

图1-43　给黄瓜整枝打杈打老叶　　图1-44　去掉黄瓜卷须

五是合理打老叶。黄瓜生长后期可将下部黄叶、重病叶、个别内膛互相遮阴的密生叶打去，深埋或烧掉。但摘叶必须合理，如果看到有些田块植株 1 米多高，由于叶片大些就将下部老叶和绿叶一齐剪去，下部光剩果实，这样摘叶会因果实周围无足够的叶片制造养分而使产量和品质降低。摘叶标准是：只要叶片大部分呈绿色，能进行光合作用又不过度密蔽，就不必摘除。

30. 瓜类蔬菜杂草应慎重选用除草剂

问： 黄瓜用禾耐斯（乙草胺）除草，很容易产生药害，请问用芽前和茎叶除草，选用哪些药剂较为安全？

答： 黄瓜等瓜类种物对除草剂比较敏感，以往除草剂用得较少，但只要掌握施药适期和使用方法，有些除草剂对瓜类是安全的。针对直播田和移栽田的芽前除草和茎叶除草剂，在选用时要掌握以下正确的方法。

一是直播田芽前除草。黄瓜等瓜类蔬菜播种覆土后出苗前，一般在播种当天或播种 2~3 天后，每亩可用 20% 敌草胺乳油 200 毫升加水 40~50 升，或 48% 仲丁灵乳油 200 毫升或 33% 二甲戊灵乳油 80~120 毫升等加水 40~50 升，均匀喷雾于土表，防除一年生禾本科杂草及部分一年生阔叶杂草。

二是移栽田芽前除草　黄瓜等瓜类蔬菜移栽活棵后，苗高 15 厘米左右时，每亩用 48% 氟乐灵乳油 100 毫升，或 33% 二甲戊灵乳油 100~150 毫升，或 20% 敌草胺乳油 200 毫升，或 48% 仲丁灵乳油 250 毫升等，加水 40~50 升，喷于土表，施后最好浅混土。能防除牛筋草、马唐、小藜、凹头苋等杂草。

三是茎叶处理除草（图 1-45）。防除禾本科杂草，可选用 12.5% 氟吡甲禾灵乳油，每亩 30~50 毫升，或 75% 精噁唑禾草灵乳油 50 毫升，或 20% 烯禾定乳油 100 毫升，兑水 30 升，或选用吡氟禾草灵、喹禾灵、禾草灵等，在禾本科杂草 4~6 叶期喷于茎叶，对瓜类蔬菜安全。

四是严禁使用乙草胺。二甲戊灵对黄瓜有轻微的药害，但受害黄瓜很快能恢复。用过二氯喹啉酸的田不可种瓜类蔬菜。甲草胺、异丙甲草胺、克草胺、利谷隆等除草剂均对黄瓜等瓜类蔬菜敏感，易产生药害，不宜使用。在黄瓜直播时，或播种育苗时，不能使用氟乐灵。

图1-45 露地夏黄瓜田间除草干净

大面积使用除草剂，最好先做小型试验，以免出现施用品种或方法不当造成药害。

五是除草剂药害与防除。瓜类蔬菜受害后，叶片急速萎蔫下垂，以幼嫩的叶片受害最为严重。发现作物出现受害症状时，要及时喷洒清水，减轻药害；并在傍晚时分补喷 1500 倍的植物细胞分裂素 +6000 倍的复硝酚钠或喷洒 1500 的喷旺 +1000 倍的丰收一号 +1000 倍的福施壮，缓解药害。

31.黄瓜叶片镶金边与施肥用药有关

问： 黄瓜植株下半部叶子发黄，发黄部位多集中在叶片边缘（图1-46、图1-47），上半部叶子也有不同程度的这种现象，不知是什么原因？

图1-46 黄瓜镶金边田间从下向上发展　图1-47 黄瓜镶金边叶

答：这是黄瓜叶片"镶金边"现象，属于生理性病害，施肥过量或偏施肥是主要原因。

一是过量施肥，土壤溶液浓度过高、盐渍化是导致黄边的最大因素。土壤发生盐渍化以后多导致黄瓜自下而上出现黄边现象。黄瓜对硝态氮的吸收较快，对铵态氮及酰胺态氮吸收不如硝态氮，若大量的铵态氮施入土壤以后不能被土壤微生物转化成为硝态氮，将积累在土壤中直接导致土壤溶液浓度过高。而土壤中氮、钾离子等含量过高将导致土壤盐渍化发生，使土壤中的各种元素移动受到抑制，同时盐浓度过高会使根系细胞发生质壁分离，这样很大程度上抑制了其他中微量元素的吸收，如硼、钙、铁等，引发叶片黄边。

二是过量施钾或土壤缺钾导致。由缺钾或钾过量导致的叶边缘发黄，多发生在中下部叶片上。钾不足的现象很少发生，钾元素超标引发的黄边最为普遍。因黄瓜为喜肥作物，肥料用量很大，所以一般不会出现缺钾引起的黄边。因此，出现黄边的原因多数是钾过量造成的。

三是缺乏中量元素钙导致叶缘发黄。由缺钙导致的黄边多发生在植株的幼嫩部位，一般是幼叶叶缘出现比较均匀一致的黄边，并且严重时会向内部扩大。由于土壤干旱或浇水过度，导致黄瓜根系受伤，影响了根系对钙元素的吸收。由于大量施用化肥，土壤溶液浓度增高，抑制了钙的移动，同时土壤中氮、钾元素含量过高，对钙起了拮抗作用，也会减少钙的吸收。

四是药害、气害所导致。若为了预防病害，当用药次数过多或熏蒸后棚室通风不及时，就会导致叶片边缘变黄，这种情况主要发生在中下部叶片，开始时叶缘变黄，后期叶缘焦枯。追肥、熏药等过程中会产生很多有害气体，若不及时通风，就会引发叶片金边。

因此，生产上为防止黄瓜叶片镶金边的现象发生，一是将幼瓜全部疏除，重点养叶。叶片受损后制造有机营养的能力严重下降，所以不要再留瓜了。另外，叶面喷施氨基酸、甲壳素类叶面肥，可以增加叶片厚度，促进叶片恢复。二是加强根系养护。叶片功能下降，应注意根系的保护，再浇水时可冲施甲壳素等功能性肥料，促进根系的生长，也利于植株的恢复。三是喷施药剂避免病害侵染。当前叶片边缘受损，加之外界温度降低，棚内湿度增加，很容易导致蔓枯病、灰霉病的侵染，可喷施75%百菌清可湿性粉剂500倍液混加33.5%喹啉铜悬浮剂750倍液加以防治。

32.黄瓜应及时采收保证商品性

问： 我的水果黄瓜有 500 克以上一条，但这个品种不怎么好吃，是怎么回事？

答： 这个水果黄瓜摘得太晚了，已经失去了商品性。无论是水果黄瓜还是普通黄瓜，作为商品的黄瓜上市，应在商品成熟期采摘（图1-48），随摘随上市。但黄瓜的采收有讲究。黄瓜采收的过程，某种意义上也是调整营养生长和生殖生长的过程。适当早摘根瓜和矮小植株的瓜，可以促进植株的生长，空节较多的生长过旺植株，要少摘瓜，晚点摘可控制植株徒长。采收黄瓜绝不是见瓜就摘，也不是养成大瓜才摘。而是幼果长到一定的大小时，要及时摘，过早过晚采收，都会影响产量的提高。

图1-48　水果黄瓜采收要适时

一要掌握好采收时间。黄瓜一天中从 13:00 ~ 17:00，果实生长量少，平均每小时只长 0.3 ~ 0.6 毫米，但从 17:00 ~ 18:00 的 1 小时内，突然平均伸长 2.7 毫米，是果实生长最旺盛时期。此后，生长量随时间的推移逐渐减少，到次日 6:00 几乎停止生长。因此，下午采收是划不来的。

二是根据成熟天数采收。黄瓜从开花到商品瓜成熟需要的天数与品种、栽培季节、栽培方式、温度变化有关。正常情况下，开花后 3 ~ 4 天内瓜的生长量较小，从开花后 5 ~ 6 天起迅速膨大，果实重量大约每天增加近一倍，到 10 天左右稍稍变缓，但每天也增重 30%。日平均温度 13℃时，瓜条生长天数为 20 天，16℃时为 16 天，18℃时为 14 天，23℃时为 6 ~ 8 天。

三是根据采收时期采收。一般应在早晨摘瓜，不要在下午摘瓜。下午摘瓜，温度高，果柄伤口失水多，影响品质，产量降低，经济效益差，病菌也易从伤口侵入。初期每 2 ~ 3 天采收一次，结瓜盛期每 1 ~ 2 天采收一次。露地黄瓜拉秧，市场价格逐日上升，此期应降低采收频率，适当晚采收，保持一部分生长正常的黄瓜延迟采收，以获得更高的经济效益。最后拉秧一次采下的黄瓜可贮藏一段时间，待价格上扬时上市。

四是确定好采收标准。一般采摘商品成熟瓜，同时也要摘掉畸形瓜、坠秧瓜和疏果瓜。采收初期，由于植株矮小，叶片营养面积小，一般一条瓜 100 克左右，早采收可促进营养生长，使采瓜盛期早日到来。结瓜盛期，一般一条瓜 200 克左右，这时植株生长旺盛，有条件将果实长得大些，也不会因为采瓜后导致植株旺长。结瓜后期，植株逐渐衰老，根系吸收能力减弱，叶片同化作用降低，采收的商品瓜小些，一般一条瓜重 150 克左右。无论什么时期采收，商品瓜的统一标准应是果实表皮鲜嫩，瓜条通顺，未形成种子并有一定重量。

五是注意采收方法。幼果采摘时，要轻拿轻放，为防止顶花带刺的幼果创伤，最好放在装 20 ～ 30 千克重的竹筐、木箱或塑料箱中，箱周围垫蒲席和薄膜，这样可以长途运输。

33. 黄瓜采后处理有讲究

问： 从外地运来的黄瓜就像刚从地里摘回来的一样，条条笔直，整齐划一（图1-49），是怎么做到的？

图1-49　黄瓜采后分级等处理

答： 蔬菜要讲究商品性。不是只要是黄瓜就能卖上好价钱的，采收后，还要进行预冷、分级、包装等处理，商品性好，才能卖上好价钱。

黄瓜采后宜放于阴凉场所或预冷库中预冷散热，避免将产品置阳光下暴晒。然后进行分级。我国黄瓜分级按《黄瓜等级规格》（NY/T 1587—2008）进行。其中普通黄瓜的分级按以下进行。

基本要求：同一品种或相似品种；瓜条已充分膨大，但种皮柔嫩；瓜条完整；无苦味；清洁、无杂物、无异常外来水分；外观新鲜、有光泽，无萎蔫；无任何异常气味或味道；无冷害、冻害；无病斑、腐烂或变质产品；无虫伤及其所造成的损伤。

大小规格：长度（厘米）大：＞28；中：16～28；小：11～16。同一包装中最大果长和最小果长的差异（厘米）大：≤7；中：≤5；小：≤3。

特级标准：具有该品种特有的颜色，光泽好；瓜条直，每10厘米长的瓜条弓形高度≤0.5厘米；距瓜把端和瓜顶端3厘米处的瓜身横径与中部相近，横径差≤0.5厘米；瓜把长占瓜部长的比例≤1/8；瓜皮无因运输或包装而造成的机械损伤。

一级标准：具有该品种特有的颜色，有光泽；瓜条较直，每10厘米长的瓜条弓形高度＞0.5厘米且≤1厘米；距瓜把端和瓜顶端3厘米处的瓜身与中部的横径差≤1厘米；瓜把长占瓜部长的比例≤1/7；允许瓜皮有因运输或包装而造成的轻微损伤。

二级标准：具有该品种特有的颜色，有光泽；瓜条较直，每10厘米长的瓜条弓形高度＞1厘米且≤2厘米；距瓜把端和瓜顶端3厘米处的瓜身横径与中部的横径差≤2厘米；瓜把长占瓜部长的比例≤1/6；允许瓜皮有少量因运输或包装而造成的损伤，但不影响果实耐贮性。

水果黄瓜的分级，按以下进行。

基本要求：具本品种的基本特征，无畸形，无严重损伤，无腐烂，果顶不变色转淡，具有商品价值。

大小规格：长度（厘米）大：10～12；中：8～10；小：6～8。

特级标准：果形端正，果直，粗细均匀；果刺完整、幼嫩；色泽鲜嫩；带花；果柄长2厘米。

一级标准：果形较端正，弯曲度0.5～1厘米，粗细均匀；带刺，果刺幼嫩。果刺允许有少量不完整；色泽鲜嫩；可有1～2处微小疵点；带花；果柄长2厘米。

二级标准：果形一般；刺瘤允许不完整；色泽一般；可有干疤或少量虫眼；允许弯曲，粗细不太均匀；允许不带花；大部分带果柄。

分级后的黄瓜小包装，可用聚酯泡沫盒单条、双条和多条盛装后用厚0.08毫米的保鲜膜贴体密封包装，也可用规格为40～50厘米、厚0.08毫米的塑料袋包装，每袋装2.5～3千克，然后装箱上市或贮运。

箱内衬垫碎纸屑，切勿使果实在箱内摇动。须强制通风预冷处理的包装箱，其通风孔面积占总表面积的 5% 以上，且必须离棱角处 5 ~ 7.5 厘米，少量大的通风孔（孔径 1.3 厘米以上）比大量小的通风孔好。

第三节 黄瓜常见病虫草害问题

34. 秋延后大棚黄瓜谨防苗期猝倒病

问： 我育的黄瓜苗刚出来没几天，就倒了不少苗（图 1-50），是什么原因？

答： 秋延后黄瓜苗得了猝倒病，与苗床湿度过大，遮阳网遮盖过度造成徒长等有关。防治该病，一是出苗后，不宜长期用遮阳网遮阴，要及时揭盖。二是适当控水，防止湿度过大。三是对已出现的病苗，及时铲除出苗床，防止传播蔓延。四是采用药

图 1-50　秋延后黄瓜谨防猝倒病

剂防治，生物防治，可喷 5% 井冈霉素水剂 800 ~ 1000 倍液，结合放风降湿。化学防治，可选用 72.2% 霜霉威水剂 600 倍液、15% 噁霉灵水剂 450 倍液或 25% 甲霜铜可湿性粉剂 1000 ~ 1500 倍液、64% 噁霜灵可湿性粉剂 500 倍液、58% 甲霜•锰锌可湿性粉剂 600 倍液、69% 烯酰•锰锌可湿性粉剂 600 倍液等喷洒防治，苗床湿度大时，可用上述药剂兑水 50 ~ 60 倍，拌适量细土或细沙在苗床内均匀撒施。7 ~ 10 天防治一次，连防 2 ~ 3 次。

35. 大棚黄瓜低温高湿谨防灰霉病为害

问： 黄瓜叶片的叶缘呈现 "V" 形病斑或圆形病斑（图 1-51），花瓣腐烂，并长出灰褐色霉层（图 1-52），现在大棚里湿度大，不好用药，请问有好办法控制么？

图1-51 黄瓜灰霉病苗期子叶发病　　图1-52 黄瓜灰霉病花

答： 大棚黄瓜得了灰霉病，为低温高湿型病害，开花至结瓜期是该病侵染和蔓延的高峰期。一般从3月中下旬雨季开始时发生多。越冬栽培，进入11月份或12月份以后，大雾持续时间长时发病重。

有机黄瓜，应在发病前或刚发病时，选用2亿活孢子/克木霉菌可湿性粉剂300～600倍液，或30亿个/克甲基营养型芽孢杆菌可湿性粉剂500倍液、3%苦参碱水剂1000～2000倍液、2.1%丁子·香芹酚水剂600倍液、25亿活芽孢/克坚强芽孢杆菌100倍液、10亿活芽孢/克海洋枯草芽孢杆菌可湿性粉剂300～600倍液等喷雾，5～6天1次，连喷3～4次。

大棚栽培最好采用烟熏，发病前或发病初期，选用3.3%噻菌灵烟剂，或10%腐霉利烟剂、15%多·霉威烟剂、40%百菌清烟剂、20%腐霉·百菌烟剂、25%甲硫·菌核烟剂、15%百·异菌烟剂、15%多·腐烟剂等密闭烟熏，每亩用药250～350克，分放5～6处，傍晚暗火点燃，闭棚过夜，次日早晨通风，隔6～7天一次，连熏4～5次。

也可喷粉，选用5%百菌清粉尘剂，或6.5%硫菌·霉威粉尘剂，或5%灭霉灵粉尘剂，或5%福·异菌粉尘剂，每亩每次喷1000克，7天一次，连喷4～5次。

黄瓜整个生长期最好提前进行预防，建议选用25%嘧菌酯悬浮剂1500倍液，或25%咪鲜胺乳油2000倍液、50%啶酰菌胺水分散粒剂850～1200倍液、75%肟菌·戊唑醇水分散粒剂3000倍液、25%啶菌噁唑乳油1000倍液、50%烟酰胺水分散粒剂1500倍液等交替喷雾，7天喷一次，连喷2～3次。

36. 黄瓜生长期谨防白粉病为害叶片至提前拉秧

问： 我的黄瓜叶片有一层白色的粉点，开始发生并不多，但几天下来迅速发展，像撒了一层石灰一样，结的黄瓜也少了，请问是什么原因？

答： 这黄瓜得了白粉病，这是黄瓜主要病害之一（图1-53）。其特点是先在下部叶子正面或背面产生小圆形的白色小斑点（图1-54），向四周蔓延，后扩大变厚、连片，上面布满一层白粉状霉层，常在黄瓜生长中、后期发生，造成黄瓜严重减产，甚至提前拉秧。

图1-53　黄瓜白粉病田间发病状　　图1-54　黄瓜白粉病发病初期的白色粉斑

有机蔬菜，发病初期，可选用生物防治，如1%蛇床子素水乳剂400～500倍液或0.3%丁子香酚可溶性液剂1000～1200倍液、1.5亿活孢子/克木霉菌可湿性粉剂300倍液、0.5%大黄素甲醚水剂600～1000倍液土壤消毒，或用0.05%核苷酸水剂600～800倍液喷雾防治；或亩用0.5%小檗碱水剂167～250毫升，兑水30千克喷雾防治。

也可在病害初期或发病前，每亩用1000亿孢子/克枯草芽孢杆菌可湿性粉剂56～84克，兑水50～75千克喷雾，或用10亿活芽孢/克枯草芽孢杆菌可湿性粉剂600～800倍液喷雾，施药时注意使药液均匀喷施至作物各部位，间隔7天再喷药1次，可连续喷药2～3次。

化学防治。采用25%嘧菌酯悬浮剂1500倍液预防较好。发病初期，可选用15%三唑酮可湿性粉剂800～1000倍液，或10%苯醚甲环唑水分散粒剂2500～3000倍液、32.5%苯甲·嘧菌酯悬浮剂1500倍液、43%戊唑醇悬浮剂3000倍液、75%肟菌·戊唑醇水分散粒剂3000～4000倍液等喷雾防治。白粉病原易产生抗性，最好在

1个生长季节内用 2 ～ 3 种作用机制的不同药剂，交替使用。

　　发生较重时，可交替喷雾 47% 春雷·王铜可湿性粉剂 500 ～ 600 倍液，或 40% 氟硅唑乳油 4000 倍液、50% 醚菌酯干悬浮剂 3000 倍液、25% 乙嘧酚磺酸酯微乳剂 500 ～ 650 倍液、25% 苯甲·丙环唑乳油 4000 倍液、36% 啶酰菌胺·乙嘧酚悬浮剂 1200 ～ 2000 倍液、42.5% 唑醚·氟酰胺悬浮剂 3000 ～ 6000 倍液、400 克/升氟菌·戊唑醇悬浮剂 5000 倍液、450 克/升咪唑菌酮·霜霉威悬浮剂 600 ～ 1200 倍液、325 克/升吡萘·嘧菌酯悬浮剂 2000 ～ 3000 倍液、5% 己唑醇悬浮剂 1500 ～ 2500 倍液 +75% 百菌清可湿性粉剂 600 倍液、20% 福·腈可湿性粉剂 1000 ～ 2000 倍液 +75% 百菌清可湿性粉剂 600 倍液等喷雾防治，7 ～ 10 天一次，连喷 2 ～ 3 次。

37. 高温高湿季节谨防黄瓜棒孢叶斑病（靶斑病）

　　问： 黄瓜叶片上有许多的圆形大病斑（图 1-55 ～ 图 1-57），是不是炭疽病呢？用了好多的药没有治得住。

图 1-55　黄瓜靶斑病田间发病状　　　图 1-56　黄瓜靶斑病叶片发病初期症状

　　答： 这黄瓜已得棒孢叶斑病，该病又名靶斑病、褐斑病，俗称小黄点病，是一种高温高湿型病害，多发生于黄瓜生长中后期，发病初期病斑表现为多角形，易与黄瓜角斑病和霜霉病混淆，发病后期又与炭疽病有许多相似之处，因而易错失用药适期，导致提早罢园。

　　仔细观察，可以看到病斑中央有一明显的针头大的浅黄色小点（眼状靶心，图 1-58），必要时可借助显微镜进行镜检。春保护地一般在 3 月中旬开始发病，4 月上中旬后病情迅速扩展，至 5 月中旬达到发病高峰。在湖南益阳，大棚秋延后黄瓜 10 月上中旬易暴发成灾，应提前喷药预防。

图1-57　黄瓜靶斑病大病斑　　图1-58　黄瓜靶斑病叶对光叶片症状

有机蔬菜可选用生物药剂防治。发病初期，可每亩用1000亿个/克荧光假单胞杆菌可湿性粉剂70～80克，兑水30千克喷雾，间隔7～8天喷1次，连喷3次。或选用41%乙蒜素乳油2000倍液、0.5%氨基寡糖素水剂400～600倍液、53.8%氢氧化铜干悬浮剂600倍液、86.2%氧化亚铜可湿性粉剂2000～2500倍液、33.5%喹啉铜悬浮剂800～1000倍液等喷雾防治。

在进行农业防治的同时应结合化学防治，值得注意的是，该病菌侵染成功率非常高，若在超过3%的植株叶片感染发病后施药，则无法取得满意效果，所以做好早期防护措施，及时施药是关键。

可选用40%嘧霉胺悬浮剂500倍液或20%烯肟·戊唑醇水悬浮剂1500倍液、25%咪鲜胺乳油1500倍液、70%代森联干悬浮剂700倍液、40%氟硅唑乳油8000倍液、50%异菌脲可湿性粉剂1000～1500倍液、50%乙烯菌核利可湿性粉剂1000倍液、40%腈菌唑乳油3000倍液、25%嘧菌酯悬浮剂1500倍液、50%醚菌酯干悬浮剂3000～4000倍液、85%三氯异氰脲酸可溶性粉剂1500倍液、25%吡唑·嘧菌酯可湿性粉剂3000倍液、35%苯甲·咪鲜胺水乳剂800～1200倍液、30%苯甲·嘧菌酯悬浮剂1000～1500倍液、35%氟菌·戊唑醇悬浮剂2800～3500倍液、43%氟菌·肟菌酯悬浮剂2800～4500倍液、70%唑醚·丙森锌可湿性粉剂1200～1500倍液、50%啶酰菌胺水分散粒剂1500倍液、43%戊唑醇悬浮剂3000倍液、6%氯苯嘧啶醇可湿性粉剂1500倍液、60%唑醚·代森联水分散粒剂1500倍液等药剂喷雾防治。隔7～10天喷一次药，连续药3～4次，药剂要轮换使用。在喷药液中加入600倍的核苷酸等叶面肥效果更好。喷药重点喷洒中、下部叶片。

此外，值得注意的是黄瓜靶斑病易与细菌性病害混发，因此要认清病害，可以适当掺配细菌性药剂，增强防治效果。

38. 低温高湿季节大棚黄瓜谨防菌核病为害全株

问： 大棚秋延后黄瓜棚出现大量的流胶，有些瓜顶脐部坏死，有白色的菌丝，没有商品性，有挽救的办法吗？

答： 黄瓜得了菌核病（图1-59～图1-62）。南方2～4月份和11～12月份，适宜发病。在南方，大棚秋延后黄瓜于11月发生较为常见。低温、湿度大或多雨的早春或晚秋有利于该病发生和流行。瓜条已感染的就只能摘掉运出棚外毁掉了，对未表现症状的，要及时采取综合措施进行防治。

图1-59 黄瓜菌核病叶片发病状

图1-60 黄瓜菌核病瓜条染病密集的白色菌丝

图1-61 黄瓜菌核病果实顶部残花处珠粒大的胶状物

图1-62 黄瓜菌核病茎蔓染病状

一是控制大棚内的环境条件，使之不宜扩散，上午以闭棚升温为主，温度不超过 30℃ 不要放风，温度较高还有利于提高黄瓜产量，下午及时放风排湿，相对湿度要低于 65%，发病后可适当提高夜温以减少结露，可减轻病情。防止浇水过量，土壤湿度大时适当延长浇水间隔期。

二是在阴天等不便于喷雾施药时，可采用烟熏或喷粉，每亩每次用 10% 腐霉利烟剂或 45% 百菌清烟剂 250 克，熏 1 夜，每隔 8 ～ 10 天一次。每亩喷撒 5% 百菌清粉尘剂 1 千克。

三是药剂喷雾。田间发现病株，应及时清除中心病株，并进行药剂喷雾防治，可选用 50% 腐霉利可湿性粉剂 1500 倍液，或 50% 乙烯菌核利可湿性粉剂 1000 倍液、2% 宁南霉素水剂 250 倍液、50% 异菌脲可湿性粉剂 800 ～ 1000 倍液、65% 硫菌·霉威可湿性粉剂 600 ～ 800 倍液、50% 咪鲜胺可湿性粉剂 1500 倍液、36% 多·咪鲜乳油 1500 倍液、50% 福·异菌可湿性粉剂 500 ～ 1000 倍液、50% 多·腐可湿性粉剂 1000 倍液、50% 嘧菌环胺水分散粒剂 900 倍液、50% 啶酰菌胺水分散粒剂 1200 倍液、500 克/升氟啶胺悬浮剂 1500 ～ 2000 倍液、50% 百·菌核可湿性粉剂 750 倍液、50% 多·霉威可湿性粉剂 600 ～ 800 倍液、40% 菌核净可湿性粉剂 800 ～ 1000 倍液等喷雾防治，每隔 8 ～ 9 天防治一次，连续防治 3 ～ 4 次。药剂喷施部位主要是瓜条顶部残花以及茎部、叶片和叶柄。

39. 冬季低温高温大棚秋延后黄瓜谨防煤污病

问: 水果黄瓜的叶片上像撒了一层煤灰（图 1-63），有的叶片上数量多时覆满整个叶面，这是什么原因导致的，对黄瓜叶片有无影响？

图 1-63　温室大棚黄瓜煤污病

答： 这是黄瓜煤污病，主要在冬季大棚内光照弱、湿度大的情况下容易发生，并通过蚜虫、介壳虫、白粉虱等进行传播蔓延。发生重时，可严重影响叶片的光合作用，导致植株衰败。

因此，应及时防控，一是搞好环境的调控。对于秋冬季的大棚，要想方设法提高大棚内温度，增加透光性，在有经济价值的情况下，有条件的可以在阴天进行补光。二是选用吡虫啉系列药剂和菊酯类药剂及时防治好蚜虫、白粉虱等传病害虫。三是对已发生的大棚，应采用药剂防治，可选用 50% 甲基硫菌灵·硫黄悬浮剂 800 倍液，或 50% 苯菌灵可湿性粉剂 1000 倍液、40% 多菌灵胶悬剂 600 倍液、50% 多霉灵可湿性粉剂 1500 倍液、65% 甲霜灵可湿性粉剂 500 倍液等喷雾防治，每隔 7 天喷一次，连续防治 2 ~ 3 次。最好选择晴天喷雾，喷后应透除棚内的湿气。

40. 多雨季节湿度大要注意防治黄瓜霜霉病

问： 经常看到黄瓜上有不规则形病斑，一旦发生，发展迅速，要打些什么药？

答： 这是黄瓜生产上最常见的霜霉病，这叶片正面的病斑受叶脉限制成不规则形，后期有些穿孔（图 1-64），由于前几天为雨天，湿度大，在叶背面可看见灰黑色的霉层（图 1-65），就是霜霉病的病原。一旦发现，要及时用药防治，否则，从下到上几天就会扩展开来，引起植株早衰。

图1-64 黄瓜霜霉病叶正面　　　图1-65 黄瓜霜霉病叶反面

有机蔬菜，可选用 0.3% 丁子香酚可溶性液剂 1000 ~ 1200 倍液，或 1 亿活孢子 / 克木霉菌水分散粒剂 600 ～ 800 倍液、0.05% 核苷酸水剂 600 ～ 800 倍液等喷雾防治。于发病初期，每亩用 1000 单位 / 毫升地衣芽孢杆菌水剂 350 ～ 700 毫升（100 ～ 200 倍液），兑水常规喷雾，上午 10 点前、下午 4 点后使用为好。7 天喷一次，连喷 2 ～ 3 次。或亩用 0.5% 小檗碱水剂 167 ～ 250 毫升，兑水 30 千克喷雾防治。

无公害或绿色蔬菜，可选用 52.5% 噁酮·霜脲水分散粒剂 2500 倍液，或 69% 烯酰·锰锌可湿性粉剂 600 ～ 800 液、72% 霜脲·锰锌可湿性粉剂 800 倍液、50% 氟吗·锰锌可湿性粉剂 4 ～ 5 克 / 亩、25% 双炔酰菌胺悬浮剂 1000 倍液、56% 嘧菌·百菌清悬浮剂 800 倍液、68% 精甲霜·锰锌水分散粒剂 100 ～ 120 克 / 亩、47% 烯酰·唑嘧菌悬浮剂 700 ～ 1000 倍液、75% 肟菌·霜脲氰水分散粒剂 3000 ～ 4000 倍液、40% 霜脲·氰霜唑可湿性粉剂 2000 ～ 3000 倍液、38% 吡唑醚菌酯·氰霜唑悬浮剂 1000 ～ 1500 倍液、10% 氟噻唑吡乙酮可分散油悬浮剂 3000 ～ 4000 倍液、71% 乙铝·氟吡胺水分散粒剂 800 ～ 1000 倍液、34% 唑醚·丙森锌水分散粒剂 500 ～ 800 倍液、687.5 克 / 升氟菌·霜霉威悬浮剂 800 ～ 1200 倍液、66.8% 丙森·缬霉威可湿性粉剂 600 ～ 800 倍液、70% 丙森·烯酰可湿性粉剂 500 倍液、66.8% 丙森·异丙菌胺可湿性粉剂 600 ～ 800 倍液等交替使用，7 ～ 10 天一次，连喷 3 ～ 6 次。此外，最好同时喷用加中生菌素或氢氧化铜等防治细菌性角斑病的药剂。

此外，要加强黄瓜的田间管理，如生长期不要过多追施氮肥，以提高植株的抗病性。进行叶面施肥，提高碳元素含量，可提高黄瓜的抗病力。补施二氧化碳气肥，或生长后期叶面喷施 0.1% 尿素加 0.3% 磷酸二氢钾，或叶面施用喷施宝，每 5 ～ 7 天喷一次，连喷 4 ～ 5 次，可有效增强植株抗病能力，改善植株营养状况。还可从定植后开始，用 1∶1∶100 倍尿素、葡萄糖（或白糖）、水溶液喷洒，每 5 ～ 7 天喷一次，连喷 4 ～ 5 次，防效可达 90% 左右。

大棚内还要降低棚内湿度。白天加强通风降低湿度，浇水根据土壤墒情浇小水，且浇水后要及时通风排湿，最好选用膜下滴灌方式，浇水时可冲施微生物菌剂、腐植酸等功能性肥料，活化土壤又养根，通过根叶同养，提高植株抗病性。降湿的同时还应避免地温剧烈变化。此外，操作物不要铺地膜，而是铺设稻草、麦秸等，既可吸湿降湿，恒定地温，又可蓄水保湿，减少浇水次数。

41.梅雨季节雨多谨防黄瓜炭疽病

问: 黄瓜叶片上的那种大的圆形病斑,过几天就布满了叶片,并穿孔,发展非常快,用什么药最好?

答: 这是黄瓜炭疽病,看见大的病斑且穿孔时(图1-66),这叶片就没救了,要防治就要在叶片刚发病时用药,叶片刚发病时,上面有黄褐色、圆形或半圆形、背面水浸状的小斑点,有的叶片不多,有的叶片有很多,中间的颜色稍淡(图1-67),初发症状往往同棒孢叶斑病差不多。这个时候就开始用药防治。

图1-66　黄瓜炭疽病斑后期穿孔　　　图1-67　黄瓜炭疽病发病中期

有机黄瓜,可选用1.5亿活孢子/克木霉菌可湿性粉剂300倍液,或0.05%核苷酸水剂600～800倍液、10亿孢子/克多粘类芽孢杆菌可湿性粉剂600～800倍液等喷雾防治。

无公害或绿色蔬菜,可选用70%甲基硫菌灵可湿性粉剂500倍液,或25%嘧菌酯悬浮剂1500倍液、60%吡唑醚菌酯水分散粒剂500倍液、10%苯醚甲环唑水分散粒剂1500倍液、30%苯甲·丙环唑乳油3000倍液等常规药剂喷雾防治,6～7天喷一次,连喷3～4次。

田间发病普遍时,可选用20%唑菌胺酯水分散粒剂1000～1500倍液,或20%硅唑·咪鲜胺水乳剂2000～3000倍液、32.5%苯甲·嘧菌酯悬浮剂1500倍液+27.12%碱式硫酸铜500倍液、75%肟菌·戊唑醇水分散粒剂3000倍液、20%氟硅唑·咪鲜胺水乳剂55～66毫升/亩、56克/升嘧菌·百菌清悬浮剂800倍液、20%苯醚·咪鲜胺微乳剂2500～3500倍液、60%唑醚·代森联水分散粒剂1500～2000倍液、50%醚菌酯干悬浮剂3000倍液、22.5%

啶氧菌酯悬浮剂 2000 ～ 2500 倍液、25% 二氰·吡唑酯悬浮剂 1500 ～ 2000 倍液、43% 氟菌·肟菌酯悬浮剂 3000 ～ 4500 倍液、70% 甲硫·丙森锌可湿性粉剂 800 ～ 1200 倍液、25% 嘧菌酯悬浮剂 1500 ～ 2000 倍液、30% 苯噻硫氰乳油 1000 ～ 1500 倍液等喷雾防治。

并结合叶片喷施或随水冲施氨基酸类、海藻类、甲壳素类、氨基寡糖素类产品，养根护叶，平衡植株生长，提高植株整体抗性。

42.高温多雨注意防治黄瓜黑星病

问：（现场）黄瓜嫩叶片有些不规则的破孔洞，请问是什么虫子咬的？

答： 这不是虫子咬的，黄瓜的叶片上有近圆形褪绿色小斑点，穿孔的呈星芒状（图 1-68），这是黄瓜黑星病的典型症状，后期瓜条易流胶，造成弯瓜等现象。在大棚里是一种毁灭性的病害，因此要及时用药防治。

图 1-68　黄瓜黑星病叶

黑星病的防治重点是要及时，一旦发现中心病株要及时拔除，及时喷药防治，如错过防治适期，病害进一步蔓延，防治困难。

有机黄瓜，可用 1.1% 儿茶素可湿性粉剂 600 倍液喷雾。

无公害或绿色蔬菜，在发病初期，可选用 40% 氟硅唑乳油 8000 ～ 10000 倍液，或 75% 异菌脲可湿性粉剂、43% 戊唑醇水剂 3000 倍液、20% 戊唑·多菌灵悬浮剂 800 倍液、1.5% 噻霉酮水乳剂 500 ～ 800 倍液、40% 氟硅唑乳油 8000 ～ 10000 倍液、60% 唑醚·代森联可分散粒剂 1500 倍液、20% 腈菌·福美双可湿性粉剂 900 ～ 1000 倍液、25% 嘧菌酯悬浮剂 800 ～ 1000 倍液、560 克／升嘧菌·百菌清悬浮剂 800 ~ 1000 倍液、30% 福·嘧霉可湿性粉剂 800 ~ 1000 倍液 +75% 百菌清可湿性粉剂 600 ~ 800 倍液等喷雾防治，7 天喷一次，连喷 3 ~ 4 次。晴天上午进行，喷后加强放风、重点喷幼嫩部分。

发病中后期，可选用 40% 腈菌唑可湿性粉剂 8000 倍液，或 10% 苯醚甲环唑可分散粒剂 6000 倍液喷雾防治，隔 5 ~ 7 天施一次，视病情连续喷施 2 ~ 3 次，可轮换用药，同时严格控制施药浓度，防止产生药害。

在管理方面，要注重根叶养护，用肥时水溶肥和功能性肥料交替使用，结合叶面喷施微生物菌剂或氨基酸、甲壳素类叶面肥，促进根叶吸收养分的能力，提高植株抗逆性，避免病原菌的侵染。

及时打掉老叶、病叶，合理密植，及时清除病瓜、病株。

调控温湿度，如加大通风、适当延长通风时间；浇水时水量适宜，避开连阴天，有条件的最好使用滴灌，减少水分蒸发，降低棚内湿度。同时在操作行铺设作物秸秆吸湿，减少叶表结露时间。

43. 地面湿度大时防止贴地面黄瓜得绵腐病

问： 贴地的秋黄瓜被水浇过后，全部被一团棉絮状菌丝包裹了（图 1-69），是怎么回事？

答： 这是感染了黄瓜绵腐病，与土壤里有病原菌瓜果腐霉菌有关。贴地的黄瓜一般为根瓜，且大多弯曲，可提前采摘，或摘掉不用。对有商品性的，建议采收时要轻拿轻放，以减少伤口，尽量不与土壤接触，储运期间注意湿度不要太高，温度适当。必要时，可在田间喷洒 60% 唑醚·代森联水分散粒剂 2000 倍液或 32.5% 苯甲·嘧菌酯悬浮剂 1500 倍液。

图 1-69 黄瓜绵腐病病瓜

44. 连作黄瓜地谨防枯萎病毁园

问： 我的大棚黄瓜苗从苗期开始就陆陆续续黄叶死苗，严重的时候，黄瓜上架后全部萎蔫枯死，没有什么药能治得住，请问有什么好办法提前预防？

答： 从图1-70～图1-73以及到基地多次去所了解的情况来看，这个黄瓜苗得了枯萎病，该病为土传病害，土壤中残留的病原菌多，一旦遇上高温、高湿等气候条件，很容易发病并迅速传播开来。

图1-70　黄瓜枯萎病病株

图1-71　黄瓜枯萎病病部产生白色或粉红色霉状物，病部溢出少许琥珀色胶质物

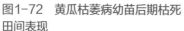

图1-72　黄瓜枯萎病幼苗后期枯死田间表现

图1-73　黄瓜枯萎病真叶斑块状黄化状

建议：一是对于这种连作地，要加大轮作年限，实行与非瓜类作物轮作3～5年。

二是撒石灰消毒，定植后，对于酸性土壤，可于行间每亩撒施石灰

75 ~ 100 千克，锄入土中，以中和土壤酸性。

三是土壤消毒。对于老瓜区或上茬枯萎病较重的地块，应在移植前进行大田土壤处理，可采用下列杀菌剂或配方进行防治：70% 噁霉灵可湿性粉剂 1 ~ 2 千克 / 亩 +50% 多菌灵可湿性粉剂 3 ~ 5 千克 / 亩、50% 福美双可湿性粉剂 3 ~ 5 千克 / 亩 +70% 甲基硫菌灵可湿性粉剂 3 ~ 5 千克 / 亩、50% 敌菌丹可湿性粉剂 3 ~ 5 千克 / 亩 +70% 甲基硫菌灵可湿性粉剂 3 ~ 5 千克 / 亩，拌毒土撒施，而后耙地混土。

四是药剂处理。对有机黄瓜，可用以下药剂预防。定植缓苗后，选用 10 亿菌落形成单位（cfu）/ 克解淀粉芽孢杆菌可湿性粉剂 1000 ~ 1500 倍液，或 80 亿孢子 / 毫升地衣芽孢杆菌水剂 500 ~ 700 倍液、10 亿芽孢 / 克枯草芽孢杆菌可湿性粉剂 1000 倍液进行灌根预防，每株灌 200 毫升。

无公害或绿色生产，可在移植后进行处理，选用下列杀菌剂或配方：70% 甲基硫菌灵可湿性粉剂 600 倍液 +60% 琥铜·乙膦铝可湿性粉剂 500 倍液；10% 多抗霉素可湿性粉剂 600 ~ 1000 倍液；0.3% 多氧霉素水剂 80 ~ 100 倍液；4% 嘧啶核苷类抗菌素水剂 600 ~ 800 倍液、10% 混合氨基酸铜水剂 600 ~ 800 倍液；80 亿 / 毫升地衣芽孢杆菌水剂 500 ~ 750 倍液；0.5% 氨基寡糖素水剂 400 ~ 600 倍液，在幼苗定植时灌根，每株灌兑好的药液 300 ~ 500 毫升。

对发现有枯萎病的地块，迅速对所有植株采用药剂灌根。单用 2.5% 咯菌腈悬浮剂 1000 倍液或 2.5% 咯菌腈悬浮剂 1000 倍液 +50% 多菌灵可湿性粉剂 600 倍液或 2.5% 咯菌腈可溶液剂 1000 倍液 +68% 精甲霜·锰锌 600 倍液灌根，对枯萎病防效高。

也可选用 2% 嘧啶核苷类抗菌素水剂 200 倍液，或 60% 多菌灵盐酸盐可湿性粉剂 600 倍液、70% 敌磺钠可湿性粉剂 600 ~ 800 倍液、50% 甲基硫菌灵可湿性粉剂 500 倍液、30% 噁霉灵水剂 600 ~ 800 倍液、50% 多菌灵可湿性粉剂 500 倍液、30% 甲霜·噁霉灵可湿性粉剂 600 ~ 800 倍液、54.5% 噁霉·福可湿性粉剂 700 倍液、60% 甲硫·福美双可湿性粉剂 600 ~ 800 倍液、50% 氢铜·多菌灵可湿性粉剂 600 ~ 800 倍液、70% 福·甲·硫黄可湿性粉剂 800 ~ 1000 倍液、38% 噁霜·嘧铜菌酯水剂 600 ~ 800 倍液等灌根，每株灌 200 ~ 250 毫升，7 ~ 10 天灌一次，连灌 2 ~ 3 次。

开花结果期，黄瓜枯萎病发生开始严重，应加强防治，田间发现病株后应及时拔除，并全田施药，可用 15% 咯菌·噁霉灵可湿性粉剂 300 ～ 400 倍液，或 68% 恶霉·福可湿性粉剂 1000 倍液、40% 五硝·多菌灵可湿性粉剂 800 倍液、70% 甲基硫菌灵可湿性粉剂 600 ～ 800 倍液 +70% 敌磺钠可溶性粉剂 600 倍液、20% 甲基立枯磷乳油 800 ～ 1000 倍液 +15% 噁霉灵水剂 300 ～ 400 倍液灌根，每株灌 200 毫升，视病情隔 7 ～ 10 天灌一次，可以控制病情发展。

45. 大棚秋黄瓜要早防蔓枯病导致的提前拉秧

问： 大棚秋延后种植的黄瓜最近发现许多叶片上有一个很大的圆形病斑，有的藤子上还流出红水（图 1-74 ～图 1-77），请问是什么原因导致的？

图 1-74　黄瓜蔓枯病田间　　图 1-75　黄瓜蔓枯病叶中的近圆形病斑
发病拉秧状

答： 这是大棚秋黄瓜生产上常见的蔓枯病，一旦发现要及时防治，否则有可能导致黄瓜提前拉秧。大棚里之所以发生重，与连阴天气以及雨水多、湿度大有关，大棚里雾雾遮遮就是空气湿度过大的表现。因此，防治该病，要采取综合措施。

一是搞好农业防治。要施足充分腐熟农家肥，增施磷、钾肥，高畦或半高畦栽培，或地膜覆盖栽培，雨后及时排水。大棚内要加强放风排湿。

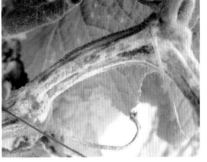

图1-76 黄瓜蔓枯病茎蔓开裂状　　　图1-77 黄瓜蔓枯病茎蔓流胶状

二是大棚栽培湿度大时，建议采用烟熏或喷粉。在发病前，可选用45%百菌清烟剂，每亩每次250克，于傍晚进行，密闭烟熏一个晚上，但不能直接放在黄瓜植株下面，7天一次，连熏4～5次。或用6.5%硫菌·霉威粉尘剂或0.5%灭霉灵粉尘剂等喷粉，每亩每次喷1千克，早、晚进行，关闭棚室。7天一次，连喷3～4次。

三是化学药剂喷雾防治。发病前，可选用70%甲基硫菌灵可湿性粉剂600～800倍液，或1：0.7：200波尔多液、50%灭霉灵可湿性粉剂600～800倍液、75%百菌清可湿性粉剂500～600倍液等保护性药剂喷雾防止病害发生。

发病初期，可选用40%氟硅唑乳油8000～10000倍液，或50%混杀硫悬浮剂500～600倍液、20.6%噁酮·氟硅唑乳油1500倍液、25%嘧菌酯悬浮剂1500倍液、22.5%啶氧菌酯悬浮剂1500～2000倍液、10%苯醚甲环唑可分散粒剂1500倍液、325克/升苯甲·嘧菌酯悬浮剂1500～2500倍液、40%苯甲·吡唑酯悬浮剂2800～3500倍液、35%氟菌·戊唑醇悬浮剂2500～3000倍液、43%氟菌·肟菌酯悬浮剂3000～4000倍液、21%硅唑·百菌清悬浮剂700倍液、75%肟菌·戊唑醇水分散粒剂3000倍液、2.5%咯菌腈悬浮剂1000倍液等喷雾防治，5～6天一次，连喷3～4次。

或选用配方药：如40%氟硅唑乳油3000～5000倍液+65%代森锌可湿性粉剂600倍液，或32.5%苯甲·嘧菌酯悬浮剂1500倍液+27.12%碱式硫酸铜悬浮剂500倍液、10%苯醚甲环唑水分散粒剂1500倍液+3%中生菌素可湿性粉剂600倍液、20%丙硫·多菌灵悬浮剂1500～3000倍液+70%代森锰锌可湿性粉剂800倍液等喷雾防治。

对于发病严重的茎蔓，可用毛笔蘸 10% 苯醚甲环唑水分散粒剂 200 倍液涂抹病斑部分，尤其对流胶处伤口愈合有促进作用。

46. 黄瓜根结线虫病一旦发生应及时控制病害的蔓延和残留

问: 黄瓜的根部结了许多的坨（图1-78），是什么病，该打什么药?

图1-78 黄瓜根结线虫病株

答: 这黄瓜根部的表现应为根结线虫病为害所致，该病为黄瓜的一种毁灭性病害。在生产上，黄瓜被害后，地上部分常常无明显的症状，只有当发病重时，病株才表现生长不良，全田枯死。拔出病株，可见根部有产生大小不等的瘤状根结，使整个根肿大，粗糙，如图 1-78 所示。瘤状物初为白色，表面光滑较坚实，后期变成淡褐色腐烂。

该病在连茬、重茬种植的大棚里发病尤其严重，尤其是在沙性土壤的大棚中，更易暴发成灾。目前，在越冬栽培的黄瓜产区线虫病害发生普遍，已经严重影响了冬季黄瓜生产和经济效益。而且根结线虫一旦传入，很难根治。因此，防治根结线虫要从培育无病种苗等入手，采用综合防治手段，达到发现一块防治一块，务必歼灭之。

一是培育无病种苗。选择健康饱满的种子，50 ～ 55℃条件下温汤浸种 15 ～ 30 分钟，催芽露白即可播种。苗床和基质消毒可采用熏蒸剂覆膜熏蒸，每平方米苗床使用 0.5% 甲醛溶液 10 千克，或 98% 棉隆微粒剂 15 克，覆膜密闭 5 ～ 7 天，揭膜充分散气后即可育苗；也可采用非熏蒸性药剂拌土触杀，每平方米苗床使用 2.5% 阿维菌素乳油

5 ~ 8 克，或 0.5% 阿维菌素颗粒剂 18 ~ 20 克，或 10% 噻唑膦颗粒剂 2.0 ~ 2.5 克。

二是定植期预防。在黄瓜播种或移植前 15 天，每亩用 0.2% 高渗阿维菌素可湿性粉剂 4 ~ 5 千克或 10% 噻唑膦颗粒剂 2.5 ~ 3 千克，加细土 50 千克混匀撒到地表，深翻 25 厘米，进行土壤消毒，均可达到控制线虫为害的效果。或 2 亿活孢子 / 克淡紫拟青霉粉剂 2 ~ 3 千克拌土均匀措施，2.5 千克拌土沟施或穴施；或 2 亿活孢子 / 克厚孢轮枝菌颗粒剂 2 ~ 3 千克拌土均匀撒施，2.5 千克拌土沟施或穴施。

三是生长期防治。每亩可使用 10% 噻唑膦颗粒剂 1.5 千克或 0.5% 阿维菌素颗粒剂 15.0 ~ 17.5 克，或 3.2% 阿维·辛硫磷颗粒剂 0.3 ~ 0.4 千克，或每克含 2 亿活孢子的淡紫拟青霉 2.5 千克，或每克含 2 亿活孢子的厚孢轮枝菌 2.0 ~ 2.5 千克，拌土开侧沟集中施于植株根部；芽孢杆菌等生物制剂可根据产品说明书发酵兑水灌根。或用 1.8% 阿维菌素乳油 1000 ~ 1200 倍液或 50% 辛硫磷乳油 1000 ~ 1500 倍液等药剂灌根，每株灌药液 250 ~ 500 毫升，每 7 ~ 10 天灌一次，连续 2 ~ 3 次。

47.防治黄瓜病毒病要虫病兼治

问： 近几天发现有些黄瓜叶片凸凹不平，有时瓜条也表现表面不平，颜色不均（图 1-79、图 1-80），是什么原因？

图1-79　黄瓜病毒病病叶　　　　图1-80　黄瓜病毒病病瓜

答： 黄瓜条表面凹凸不平，且颜色表现为浓绿色花斑，是绿斑型病毒病的典型症状。此外，仔细观察，还可以看到黄瓜地里有些黄瓜叶片有花叶或皱缩，也是黄瓜病毒病的表现。

在病毒病发生不多时，最好拔除，带出田外深埋或烧毁，防止进一步扩散。发病轻的，或未表现症状的，要加强管理，农事操作如打杈、绑蔓、授粉、摘瓜时，注意清洁卫生，防止人为传播。底肥施足，施腐熟粪肥，增施磷钾肥，及时浇水，彻底清除田间杂草及地埂和地边四周杂草，去除传毒害虫栖息的场所。病毒病在干旱、高温条件下易发生，尤其是空气相对湿度对病毒病发生影响很大。预防病毒病时，要注意提高棚内湿度、减轻病毒病发生。

及时防止蚜虫或白粉虱等传毒害虫。选用10%吡虫啉可湿性粉剂2000倍液，或20%甲氰菊酯乳油2000倍液、2.5%高效氯氟氰菊酯乳油3000倍液、20%啶虫脒可溶粉剂7000倍液、50%吡蚜酮水分散粒剂6000倍液等喷雾防治。大棚栽培，可用20%灭蚜烟剂，或15%异丙威烟剂，每亩每次250克，或30%敌敌畏烟剂，每亩每次200克烟熏。

有机蔬菜，可应用弱病毒疫苗 N_{14} 和卫星病毒 S_{52} 处理幼苗，提高植株免疫力，兼防烟草花叶病毒和黄瓜花叶病毒。也可将弱毒疫苗稀释100倍，加少量金刚砂，用每平方米2～3千克压力喷枪喷雾。在定植前后各喷一次24%混脂酸·铜水剂700～800倍液或10%混脂酸水乳剂100倍液，能诱导黄瓜耐病又增产；也可用豆浆、牛奶等高蛋白物质用清水稀释成100倍液喷雾，可减弱病毒的侵染能力，钝化病毒病。也可用27%高脂膜乳剂200倍液喷雾，每7天喷一次，连喷2～3次。

发病前，从育苗期开始，用0.5%菇类蛋白多糖水剂300倍液，或高锰酸钾1000倍液喷雾，7～10天一次，连喷2～3次，或用细胞分裂素100倍液浸种，当黄瓜2叶1心时喷600倍液，10天喷一次，连喷3～4次。

无公害或绿色蔬菜，可在发病前，或刚发病时，选用20%吗胍·乙酸铜可湿性粉剂500倍液，或1.5%植病灵乳油600～800倍液、5%菌毒清水剂300倍液、4%宁南霉素水剂500倍液、10%混合脂肪酸水乳剂100倍液、4%嘧肽霉素水剂200～300倍液、7.5%菌毒·吗啉胍水剂500～700倍液、2.1%烷醇·硫酸铜可湿性粉剂500～700倍液、25%琥铜·吗啉胍可湿性粉剂600～800倍液、1.5%硫铜·烷基·烷醇水乳剂1000倍液、24%混脂·硫酸铜水乳剂600～1000倍液、1%香菇多糖水剂200～400倍液、4%低聚糖素可溶粉剂 500 ～ 800 倍液、1.05% 氨苷·硫酸铜水剂 300 ～ 500 倍液等喷雾防治，7 天喷一次，连喷 3 ～ 4 次。

也可喷洒 20% 吗胍·乙酸铜可溶性粉剂 300 ～ 500 倍液 +0.01% 芸苔素内酯乳油 2500 倍液，10 天左右一次，防治 2 ～ 3 次。

48.黄瓜细菌性角斑病要多措并举、综合防治、早防早治

问:（现场）防治黄瓜细菌性角斑病（图1-81 ～图1-84）有什么好药?

图1-81　黄瓜细菌性角斑病田间大发生状

图1-82　黄瓜细菌性角斑病斑布满叶面，现油渍状晕圈

图1-83　黄瓜细菌性角斑病湿度大时背面病斑上白色菌脓

图1-84　黄瓜细菌性角斑病叶后期病斑穿孔

答: 黄瓜的细菌性角斑病，叶片上的病斑穿孔，病斑对应的叶背有白瓷状菌脓，这是与霜霉病相区别的显著特征。

防治该病，主要是要及时发现，并选用不同的药剂轮换使用。

有机黄瓜种植，可在发病初期，每亩用10亿菌落形成单位（cfu）/克多粘类芽孢杆菌可湿性粉剂100～200克，兑水50千克喷雾。或每亩用3000亿菌落形成单位（cfu）/克荧光假单胞杆菌可溶性粉剂30～40克，兑水30千克喷雾。或选用77%氢氧化铜可湿性粉剂400倍液、27.12%碱式硫酸铜悬浮剂800倍液、80%乙蒜素乳油1000倍液、58%氧化亚铜分散粒剂600～800倍液、30%氧氯化铜悬浮剂600倍液等喷雾防治，每5～7天一次，连喷2～3次。

化学防治，可选用2%宁南霉素水剂260倍液、0.5%氨基寡糖素水剂600倍液、20%松脂酸铜乳油1000倍液、1%中生菌素可溶性粉剂300倍液、30%硝基腐殖酸铜可湿性粉剂600倍液、20%噻森铜悬浮剂300倍液、20%噻唑锌悬浮剂400倍液、20%噻菌茂可湿性粉剂600倍液等喷雾防治，每5～7天一次，连喷2～3次。

49.大棚黄瓜开花结果期阴雨天气下谨防细菌性流胶病发生

问：黄瓜的瓜条、叶柄、茎蔓等上有鼻涕状白色胶状物（图1-85～图1-87），是什么情况？

答：这是黄瓜细菌性流胶病，常在黄瓜病茎和果实上出现流脓现象，后期茎果腐烂，整株死亡。该病近年来发展迅速，已成为黄瓜主产区主要病害之一。湿度和温度是该病发生的主要环境条件，湿度大，发病重。大棚黄瓜苗期或开花结果期遇雾霾天或阴雨天气多，棚内湿度大，若植株下部叶片多、郁闭，植株茎蔓、瓜条流胶，并迅速蔓延，发病严重。生产上，要及时掌握其发生发展规律，提前或尽早预防。

农业防治措施：降低环境湿度，增加通风透光。苗期发病时，拉开植株周围的地膜，起降低湿度的作用。对已发病的大棚成株期进行药剂喷雾前，先去掉植株下部叶片，尤其去掉畦面上覆盖的叶片，减少病残体，并做到边去叶边喷雾（防止病原菌从伤口侵染）。

有机黄瓜生产，应在发病前定期预防，如可选用80亿芽孢/克甲基营养型芽孢杆菌LW-6 600～800倍液，或10亿菌落形成单位（cfu）/克解淀粉芽孢杆菌可湿性粉剂1000～1200倍液、50亿菌落

图1-85　黄瓜细菌性流胶病病株

图1-86　黄瓜细菌性流胶病病瓜

图1-87
黄瓜细菌性流胶病病蔓

形成单位（cfu）/克多粘类芽孢杆菌可湿性粉剂1000～1500倍液定期喷雾预防，用药间隔期10～15天。

　　无公害或绿色生产，可在定植前撒施药土。每亩用硫酸铜钙+甲基硫菌灵+干细土，拌匀撒施在定植黄瓜幼苗的畦垄上。

　　定植时灌根。用硫酸铜钙+甲基硫菌灵灌根，每穴灌0.1千克，定植时先灌药后封埋土，隔7～10天后再灌1次药，连灌2次。

　　定植后7～10天进行苗期药剂喷雾。用氯溴异氰尿酸+喹啉铜+沃加福，每隔10天喷1次，共喷4次。

　　发病初期，可选用3%中生菌素可湿性粉剂800～1000倍液、2%春雷霉素水剂600～800倍液、30%噻唑锌悬浮剂800～1000倍液、27%春雷·溴菌腈可湿性粉剂800～1000倍液、0.3%四霉素水剂800～1500倍液、30%琥胶肥酸铜可湿性粉剂600～800倍液、20%噻菌铜悬浮剂700倍液、47%春雷·王铜可湿性粉剂600～800倍液、77%氢氧化铜可湿性粉剂1000倍液等喷雾，每隔5～7天喷施一次，连续使用3～4次。重病田根据病情，适当增加喷药次数。

50.秋冬茬及冬春茬大棚黄瓜要早防常发性泡泡病

问: 黄瓜叶片上有许多的黄色泡泡（图1-88），是什么原因？

图1-88　黄瓜泡泡病病叶

答: 这是黄瓜泡泡病，是秋冬茬及冬春茬大棚黄瓜里的一种常见病害，以生理性病害为主，由于其为害程度较低，易被忽视。若再加上细菌性泡泡病的发生，可给黄瓜生产带来一定影响。一般黄瓜植株中、下部，生理性泡泡病发病初期叶片正面出现鼓泡，鼓泡直径约5毫米，正面凸起，背面凹进，叶面凹凸不平。后期凹凸部位逐渐褪绿，变为灰白色。而细菌性泡泡病区别于生理性泡泡病的主要特点就在于叶片背面有菌脓溢出。

泡泡病的产生原因，一是定植过早，生长前期碰到低温、光照少，生长缓慢，容易发病；二是中耕松土及根部病害等种种原因造成根系受伤，功能下降，易发病；三是激素使用过多，植株体内积累过多导致；四是生长过程中如果阴雨天气持续时间长，一旦天气转晴后，浇水量如果过大很容易引起泡泡病；五是细菌性泡泡病由菊苣假单胞杆菌病菌侵染导致。

针对可能发生的原因，生产上要加强田间管理，如针对光照少引起的泡泡病，要勤清理棚膜上的灰尘，增强大棚内的光照。温度较低时，要加强增温、保温措施，以防低温受冻。合理水肥管理，切忌大水漫灌，冬春季节浇水时间应选在晴天上午进行，避免根系受冷损伤，施肥时注意冲施一些甲壳素、腐殖酸、微生物类肥料，促根养根，提高植株抗逆性。叶面定期喷施磷酸二氢钾，不仅给植株补充营养，还可以增强植株抗性。进入初花期，喷洒0.004%芸苔素内酯1000～1500倍液，

15 天后再喷一次。尽量减少激素类农药及肥料的使用，避免植株吸收太多，体内积累过多导致病害发生。定期喷施一些预防性药剂，防治细菌性泡泡病，如春雷霉素、中生菌素、噻菌铜等。

51.种黄瓜必防黄守瓜

问：点播的秋黄瓜叶片被"黄婆子"（黄守瓜的俗称）吃得只剩叶脉了（图1-89、图1-90），撒了石灰，施了药，硬是不起作用，是什么原因？

图1-89　黄瓜叶片上的黄守瓜成虫

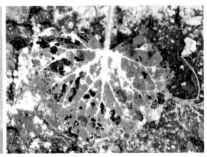
图1-90　黄瓜叶面撒生石灰驱黄足黄守瓜成虫

答：黄守瓜之所以没控制得好，有两个原因：一是秋黄瓜最好集中育苗，不要采取点播的方式，难以防控病虫害；二是既要防治成虫，还要防治地下的幼虫，采用喷雾加灌根的方法，效果要好得多。

数量少时，可采用人工捕捉的方法。即在瓜苗较小时，不宜使用化学农药防治，因为用药后一般只能维持1～2天，第三天成虫又飞来了，又得用药，这样频繁用药，会使瓜类幼苗产生药害，又增加生产成本。可在早晨植株露水没干时，成虫活动不太活跃，不易飞翔，进行人工捕捉，如果成虫正在杂草上取食，连草带虫一起拔除。

种植黄瓜株数不多时，可在幼苗期采用网捕成虫。即将白色纱窗布剪成（50～60）厘米×（30～40）厘米方块，缝成高30～40厘米、直径15～18厘米的圆筒，一端缝合。于幼瓜苗出土后1～2天内，在每穴幼苗周围插4根直径1厘米左右、高40～50厘米的小竹竿（或小木棍），竹竿入土深10厘米左右，然后将开口的一端向下罩在四根小竹竿上，罩住幼苗，纱窗布下端用土块压紧不留缝。幼苗茎蔓长 30 厘米以后揭去。

生态防治，可将茶籽饼捣碎，用开水浸泡调成糊状，再掺入粪水中浇在瓜苗根部附近，每亩用茶籽饼 20 ～ 25 千克。也可用烟草水 30 倍浸出液灌根，杀死土中的幼虫。

喷雾防治成虫：可选用 40% 氰戊菊酯乳油 8000 倍液或 0.5% 楝素乳油 600 ～ 800 倍液、2.5% 鱼藤酮乳油 500 ～ 800 倍液、4.5%高效氯氰菊酯微乳剂 2500 倍液、20% 氰戊菊酯乳油 3000 倍液、50%敌敌畏乳油 1000 倍液、5.7% 三氟氯氰菊酯乳油 2000 倍液、2.5%溴氰菊酯乳油 3000 倍液、24% 甲氧虫酰肼悬浮剂 2000 ～ 3000 倍液、20% 虫酰肼悬浮剂 1500 ～ 3000 倍液、50% 丙溴磷乳油 1000 ～2000 倍液等防治成虫。

灌根防治幼虫：6 ～ 7 月是防止幼虫在瓜类蔬菜根部为害（图 1-91）的重点时期，此期要注意经常检查，发现植株地上部分枯萎时，除了考虑瓜类枯萎病外，更要及时扒开根际土壤，看植株根中是否有黄守瓜的幼虫。低龄幼虫为害细根，3 龄以上幼虫蛀食主根后，地上叶子萎缩，严重的导致瓜藤枯萎，甚至全株枯死。如发现有幼虫钻入根内或咬断植株根部，及时根际灌药，可选用 90% 敌百虫晶体 1500 ～ 2000倍液、20% 氰戊菊酯乳油 3000 倍液、7.5% 鱼藤酮乳油 800 倍液、10% 高效氯氰菊酯乳油 1500 倍液、50% 辛硫磷乳油 1000 ～ 1500倍液、50% 敌敌畏乳油 1000 倍液、5% 氯虫苯甲酰胺悬浮剂 1500 倍液、24% 氰氟虫腙悬浮剂 900 倍液、10% 虫螨腈悬浮剂 1200 倍液等。7 ～ 10 天一次，交替使用，效果好。

图1-91　黄守瓜幼虫为害黄瓜根系

52.防治黄瓜瓜蚜要杀虫防病兼治

问: 黄瓜叶片上生了好多的"腻子"(瓜蚜,图1-92、图1-93),打了好多次药,不知为何还是杀不净?

图1-92　瓜蚜为害黄瓜　图1-93　瓜蚜为害黄瓜嫩叶
雌花

答: 瓜蚜之所以多次用药未杀尽,除了药剂选用不当外,还与用药方法等有关,此外,防治瓜蚜的同时,建议与预防病毒病的药剂一起使用。瓜蚜除了吸叶片的汁液,造成叶片卷缩变形,还大量排泄蜜露、蜕皮而污染叶面,降低蔬菜商品价值。此外,还能传播病毒病,造成的损失远远大于蚜害本身。蚜虫发生时往往四代同堂。因此,对蚜虫要"见虫就防,治早治小",用药一定要均匀、周到,并注意叶背喷雾,使药液接触虫体。

有机蔬菜,在发生初期,选用5%除虫菊素乳油2000～2500倍液或3%除虫菊素乳油800～1200倍液、10%烟碱乳油500～1000倍液、0.3%苦参碱水剂600～800倍液、2.5%鱼藤酮乳油400～500倍液、27%皂素·烟碱可溶剂300倍液、0.5%藜芦碱醇溶液400～600倍液、0.65%茴蒿素水剂300～400倍液、0.88%双素·碱水剂300～400倍液、27%皂素·烟碱可溶性粉剂稀释300倍液、30%松脂酸钠乳剂150～300倍液等喷雾防治。

无公害或绿色蔬菜,可采用化学防治。选在傍晚棚温25℃以上时,闭棚熏蒸,保护地可用22%敌敌畏烟剂500克/亩密闭熏烟,农药残留少时也可混用 80% 敌敌畏乳油 250 毫升 / 亩 +2.5% 溴氰菊酯乳油 20 毫升 / 亩熏蒸。

由于蚜虫世代周期短，繁殖快，蔓延迅速，多聚集在蔬菜心叶或叶背皱缩隐蔽处，喷药要求细致周到，施药时应注意着重喷洒叶片背面、嫩茎等部位，从上至下逐步喷洒，尽可能选择兼具触杀、内吸、熏蒸三重作用的药剂。早期，可选用 25% 噻虫嗪水分散粒剂 1000 ~ 1500 倍液对幼苗进行喷淋。后期可选用 24.7% 高效氯氟氰菊酯 + 噻虫嗪微囊悬浮剂 1500 倍液或 10% 醚菊酯悬浮剂 1500 ~ 2000 倍液、2.5% 高效氟氯氰菊酯水剂 1500 倍液、10% 氯氰菊酯乳油 2000 倍液、3% 啶虫脒乳油 2000 倍液、50% 抗蚜威可湿性粉剂 2000 倍液、10% 吡虫啉可湿性粉剂 1000 倍液、40 克 / 升螺虫乙酯悬浮剂 4000 ~ 5000 倍液、10% 烯啶虫胺水剂 3000 ~ 5000 倍液、10% 氟啶虫酰胺水分散粒剂 3000 ~ 4000 倍液、4% 氯氰·烟碱水乳剂 2000 ~ 3000 倍液、5% 氯氰·吡虫啉乳油 2000 ~ 3000 倍液、25% 噻虫啉悬浮剂 2000 ~ 4000 倍液、10% 溴氰虫酰胺可分散油悬浮剂 2500 ~ 3000 倍液等喷雾防治，这些农药应交替使用。由于蚜虫本身披有蜡粉，施用任何药剂时，均应加 0.1% 中性肥皂水或洗衣粉。

53.黄瓜瓜蛆为害根系可致植株萎蔫死棵

问： 我的大棚黄瓜有许多植株萎蔫了，扒开根系附近，发现有一些很小的虫子（图 1-94、图 1-95），是不是根结线虫呢？

图1-94　黄瓜瓜蛆为害根系致植株萎蔫　　图1-95　黄瓜瓜蛆为害根系致吸收障碍

答： 这不是根结结虫，根结线虫肉眼是看不见的，至少要在低倍显微镜下才能看得到。根据拍摄的照片，结合黄瓜苗采用的营养块里加了新鲜未充分腐熟的猪粪渣，可以判断是瓜蛆为害，瓜蛆为种蝇的幼虫，引起种子、幼芽、鳞茎和根茎腐烂发臭，出现成片死苗和植株枯黄死亡、毁种。

未腐熟的粪肥容易招引种蝇产卵。所以今后要注意不要用未充分腐熟的粪肥作育苗的肥料添加。要施用腐熟的粪肥和饼肥，均匀、深施。在生产上发现瓜蛆严重的地块，应尽可能改用化肥进行追肥。

播种时，用 90% 敌百虫可溶性粉剂 200 克，加 10 倍水，拌细土 28 千克，撒在播种沟或栽植穴内，然后覆土。播完后再用 90% 敌百虫可溶性粉剂 200 克拌麦麸 3 ~ 5 千克，撒在播种行的表面后及时覆膜，不仅可有效防止种蝇，且对蝼蛄、蛴螬有兼治效果。

防治瓜蛆，要成虫和幼虫同时灭杀。成虫发生初期开始喷药，可选用 2.5% 溴氰菊酯乳油 2000 倍液或 5% 高效氯氰菊酯乳油 1500 倍液、5% 顺式氰戊菊酯乳油 2000 倍液、80% 敌敌畏乳油 800 倍液、80% 敌百虫可溶性粉剂或 90% 敌百虫可溶性粉剂 1000 倍液等喷雾防治，7 ~ 8 天一次，连续喷 2 ~ 3 次，药要喷到根部，及四周表土，注意轮换用药。还可用 2.5% 敌百虫粉剂，每亩 1.5 ~ 2 千克喷粉。

对于地里的幼虫，可采用药剂灌根，如 50% 辛硫磷乳油 1200 倍液，或 90% 晶体敌百虫或 80% 敌百虫可溶性粉剂 1000 倍液、1.8% 阿维菌素乳油 2000 倍液、5% 天然除虫菊素乳油 1500 倍液等灌根防治。隔 7 ~ 10 天再灌一次，药液以渗到地下 5 厘米为宜，注意轮换用药。

对未造成死棵的，由于幼虫造成了部分根系损坏，可在灌根治虫的同时，加含氨基酸的水溶性肥料或含腐植酸的水溶肥料进行灌根促进根系生长。

54. 夏秋黄瓜谨防瓜绢螟为害叶片和瓜条失去商品性

问： 黄瓜瓜条不知被什么虫子啃食了（图 1-96 ~ 图 1-99），用什么药防治？

答： 这黄瓜瓜条是被瓜绢螟啃掉了皮。因为白天太热，瓜绢螟都躲到其他阴凉处了，所以看不到，但可以在一些黄瓜的叶片背面找到它

图1-96　瓜绢螟为害　　图1-97　黄瓜叶片背面的瓜绢螟幼虫
黄瓜瓜条状

图1-98　为害黄瓜的瓜绢螟成虫　　图1-99　瓜绢螟幼虫微距

们的踪迹。防治该虫要早晚用药，并喷施地面、杂草、叶片的背面等处。

有机黄瓜，可选用16000单位苏云金杆菌可湿性粉剂800倍液或用植物源农药1%印楝素乳油750倍液、2.5%鱼藤酮乳油750倍液、3%苦参碱水剂800倍液、1.2%烟碱·苦参碱乳油800～1500倍液、1万多角体（PIB）/毫克菜青虫颗粒体病毒+16000国际单位（IU）/毫克苏云金可湿性粉剂600～800倍液、0.5%藜芦碱可溶性液剂1000～2000倍液等进行喷雾。印楝素对瓜绢螟具有多种生物活性，主要表现为幼虫的拒食、成虫产卵的忌避、生长发育的抑制和一定的毒杀活性。

无公害和绿色黄瓜，药剂防治应掌握1～3龄幼虫期进行，可选用0.5%阿维菌素乳油2000倍液或50%辛硫磷乳油2000倍液、20%氰戊菊酯乳油4000～5000倍液、2.5%氯氟氰菊酯乳油2000～3000倍液、5%高效氯氰菊酯乳油1000倍液、2.5%高效氯氟氰菊酯乳油

2000 倍液、5% 顺式氰戊菊酯乳油 2000 倍液、20% 甲氰菊酯乳油 2000 倍液等喷雾防治。

　　也可选用 10% 氟虫双酰胺悬浮剂 2500 倍液、20% 氯虫苯甲酰胺悬浮剂 5000 倍液、15% 茚虫威悬浮剂 1000 倍液、2% 阿维・苏可湿性粉剂 1500 倍液、24% 甲氧虫酰肼悬浮剂 1000 倍液、5% 虱螨脲乳油 1000 ~ 1500 倍液、2.5% 多杀霉素悬浮剂 1500 倍液、5% 丁烯氟虫氰乳油 1000 ~ 2000 倍液、19% 溴氰・虫酰胺悬浮剂 1000 ~ 1500 倍液、0.5% 甲维盐乳油 2000 ~ 3000 倍液 +4.5% 高效顺式氯氰菊酯乳油 1000 ~ 2000 倍液等喷雾防治。注意在安全间隔期前喷雾，交替用药，防止害虫产生抗药性。喷药重点为中部上下的叶片背面。由于瓜类都是边开花边采收，因此必须遵循先采收后施药的原则，并严格执行农药安全间隔期的规定。

　　大棚可采用药剂密闭熏杀。利用大棚的密闭性好，在害虫发生高峰用敌敌畏熏棚灭虫。每 480 平方米大棚布药点 24 个，用药 0.5 千克，用棉球浸透药液，闭棚 48 ~ 72 小时，防效达 90%。

55. 黄瓜开花坐果期谨防瓜蓟马

　　问：（现场）黄瓜花里的小虫子爬来爬去，是在授粉吗？

　　答：这黄瓜花朵里的小虫子本名瓜蓟马（图 1-100），包括瓜亮蓟马、黄胸蓟马等。它的为害主要是以成虫和若虫锉吸黄瓜生长顶心、心叶、嫩梢、嫩芽及花蕾和幼果汁液，为害瓜条时形成木栓化组织（图 1-101），影响商品性。除了为害黄瓜外，还为害苦瓜、西瓜、甜瓜等瓜类作物。

图 1-100　黄瓜花里的蓟马

图 1-101　蓟马为害黄瓜瓜条状

注意在蕾期和初花期，当每株虫口达 3 ～ 5 头时及时用药。可选用 50% 辛硫磷乳油 1000 倍液，20% 复方浏阳霉素 1000 倍液等喷雾防治。4 ～ 6 天一次，连防 2 ～ 3 次。喷药的重点是植株的上部，尤其是嫩叶背面和嫩茎。

上述杀虫剂防效不高时，还可选用 10% 吡虫啉可湿性粉剂 2000 倍液或 10% 虫螨腈乳油 2000 倍液、1.8% 阿维菌素乳油 4000 ～ 5000 倍液、25 克 / 升多杀霉素悬浮剂 2000 倍液、24% 螺虫乙酯悬浮剂 2000 倍液、10% 柠檬草乳油 250 倍液 +0.3% 印楝素乳油 800 倍液、15% 唑虫酰胺乳油 1000 ～ 1500 倍液、10% 烯啶虫胺可溶性液剂 2500 倍液、10% 噻虫嗪水分散粒剂 5000 ～ 6000 倍液、0.36% 苦参碱水剂 400 倍液等喷雾。5 ～ 7 天一次，共喷 2 ～ 3 次，注意药剂要轮换使用。

56.秋黄瓜谨防美洲斑潜蝇为害黄瓜叶片

问：（现场）黄瓜叶片上有许多弯弯曲曲的白色曲线（图 1-102），像是"鬼画符"一样，怎么防治？

答：黄瓜叶片上的这种"鬼画符"，是一种叫美洲斑潜蝇的幼虫所"绘"（图 1-103），也是秋季蔬菜上常见的一种害虫，除了黄瓜外，还为害番茄等茄果类蔬菜、豇豆等豆类蔬菜的叶片。虫害主要是破坏了叶绿素和叶肉细胞，使光合作用受阻，严重时叶片枯死脱落，甚至成片死亡毁苗，造成减产、绝产绝收。

图1-102 美洲斑潜蝇为害黄瓜叶片　　图1-103 黄瓜叶片上的美洲斑潜蝇

对有机蔬菜，可采用黄板诱杀。对大棚蔬菜，发生高峰期可用灭蝇灵（棚内 200 克 / 亩，露地 300 克 / 亩）或 22% 敌敌畏烟剂，每亩用药 400 克熏杀成虫 2 ～ 3 次。

此外，化学药剂防治关键是要抓住叶片虫道数剧增前施药防治，最好只喷叶、不喷果实部分。可选用 1.8% 阿维菌素乳油 2000 倍液喷雾或 20% 甲氰菊酯乳油 1000 倍液、20% 氰戊菊酯乳油 2000 倍液、75% 灭蝇胺可湿性粉剂 3000 倍液、5% 氟啶脲乳油 2000 倍液、5% 氟虫脲乳油 1000 倍液、25% 噻虫嗪水分散粒剂 3000 倍液加 2.5% 高效氯氟氰菊酯乳油 1500 倍液等喷雾防治。注意药剂轮换使用。用 30% 氯虫·噻虫嗪水分散粒剂 1500 倍液淋灌秧苗治虫效果更好。

57.秋延后大棚黄瓜谨防温室白粉虱毁棚

问： 大棚黄瓜里有一些很小很小的白色虫子（图 1-104），飞来飞去，开始不多，几天就发现不少了，喷过一些药，效果不佳，用什么药最好呢？

答： 这大棚黄瓜里飞来飞去的害虫叫温室白粉虱，俗称小白蛾，是秋季大棚蔬菜里的一种常发性害虫，除了为害瓜类蔬菜外，番茄等茄果类蔬菜它也喜欢光顾。

图 1-104　白粉虱为害黄瓜叶片

一旦发生，若不及时用药防治，发生发展非常快，弄不好就使黄瓜秧提早罢园了。最关键的是，这个虫子还传播病毒病，其刺吸叶片上的汁液外溢后又诱发落在叶面上的杂菌形成霉污病，因此，防虫的同时还要防病，这是该害虫的恐怖之处。

一般情况下，在大棚里要挂一些黄板，既起到诱杀白粉虱的目的，又起到监控的作用，一旦发现在黄瓜上有白粉虱，说得严重点，哪怕有 1 只成虫，就要当作恶老虎打，势必要歼早、歼小、歼了。

有机黄瓜，可用 5% 天然除虫菊酯 1000 ～ 1500 倍液或 0.6% 清源宝（氧苦内酯水剂）800 ～ 1000 倍液、0.3% 印楝素乳油 1000 倍液等喷雾。

大棚四周采用防虫网阻隔是一个好的措施，但要求的密度较大，纱网密度以 50 目为好。药剂防治要结合烟熏。当大棚内白粉虱发生较重时，可用 22% 敌敌畏烟剂，每亩用药 300 ~ 400 克，于傍晚收工前将保护地密闭熏烟，可杀成虫。

田间零星点状发生时，应立即喷药防治，可选用 25% 噻嗪酮可湿性粉剂 1000 倍液和少量拟除虫菊酯类杀虫剂（如联苯菊酯、高效氯氟氰菊酯、氰戊菊酯、溴氰菊酯等）混用，早期喷药 1 ~ 2 次。高峰期，可选用 1.8% 阿维菌素乳油 2000 倍液或 25% 噻虫嗪水分散粒剂 2000 ~ 5000 倍液、2.5% 高效氯氟氰菊酯乳油 2000 倍液、10% 吡虫啉可湿性粉剂 4000 倍液等喷雾防治。由于在成虫和若虫体上都有一层蜡粉，因此在以上药剂中应混加 2000 倍的害立平增加黏着性。注意药剂应轮换使用。

58.温暖多湿条件下黄瓜谨防茶黄螨

问： 黄瓜嫩叶扭曲畸形，摸起来感觉较硬，有的花甚至不能开放是怎么回事？

答： 从图片（图 1-105 ~ 图 1-107）和描述的症状来看，这是茶黄螨为害，茶黄螨个体很小，肉眼难以发现，所以容易忽视防治，造成蔬菜严重减产。生产上常把这些症状认为是生理病害或病毒病害。受茶黄螨为害的果实表皮易木栓化，不能食用。因此，一旦发现，要及时防控。

图1-105　茶黄螨为害黄瓜植株

图1-106　茶黄螨为害黄瓜的叶片　图1-107　茶黄螨为害的黄瓜雌花不
表现　　　　　　　　　　　　　　开放

对发生时间长，造成植株受损严重的要加强管理，促进根系下扎，深耕；施用化肥量不宜大，以少量多次为原则，避免肥量过大造成根系的损伤；叶面喷施 0.1% 的尿素或 0.1% 的磷酸二氢钾，0.1% 的葡萄糖液等。

大棚栽培的，前期预防可用硫黄粉熏蒸，在大棚内前茬拉秧后，下茬生产前，认真清除残枝落叶，拔除杂草，封闭好大棚。按每 20 米长棚用 0.5 千克硫黄粉拌入 1 倍量的干锯末，在无风夜晚，最好是阴雨雪天分放 2 ～ 3 堆点燃，熏蒸 24 小时后开口放风，5 ～ 7 天后可育苗或定植。注意在用硫黄粉熏蒸时，大棚内严禁有任何生长的蔬菜和人畜存在，防止发生意外，在生长期的蔬菜更不准使用此法熏蒸。

生产上，应及早发现及时防治，喷药的重点是植株的上部幼嫩部分，尤其是顶端几片嫩叶的背面。

有机黄瓜，提倡使用植物性杀虫剂，如 0.5% 藜芦碱醇溶液 800 倍液、0.3% 印楝素乳油 1000 倍液、1% 苦参碱 6 号可溶性液剂 1200 倍液。

无公害或绿色生产，可选用 240 克 / 升螺螨酯悬浮剂 4000 ～ 6000 倍液或 20% 四螨嗪可湿性粉剂 1800 倍液、15% 辛·阿维菌素乳油

1000 ～ 1200 倍液、15% 唑虫酰胺乳油 1000 ～ 1500 倍液、10% 虫螨腈悬浮剂 600 ～ 800 倍液、25% 丁醚脲乳油 500 ～ 800 倍液、73% 炔螨特乳油 1000 ～ 1200 倍液、25% 灭螨猛可湿性粉剂 1000 ～ 1500 倍液、15% 哒螨灵乳油 2000 倍液、50% 溴螨酯乳油 1000 倍液、5% 噻螨酮乳油 2000 倍液、25% 噻嗪酮可湿性粉剂 2000 倍液、5% 氟虫脲乳油 1200 倍液等喷雾防治。其中 240 克 / 升螺螨酯悬浮剂对二斑叶螨卵毒力较高，可用于杀卵。注意药剂要交替使用。

59. 黄瓜土壤盐渍害的防治措施

问： 黄瓜地里的土壤下雨绿绿的，晴天红红的，植株长不大，根系也不好，悬浮在地表不下扎（图 1-108、图 1-109），请问是什么原因，有何解决办法？

图1-108　盐渍害黄瓜　图1-109　盐渍害黄瓜根系生长受抑
植株矮小不长

答： 这是典型的黄瓜土壤盐渍害。是土壤有机质含量不足，施用化学肥料过多过量等导致的根系受伤，使其吸收养分的能力下降，致使植株茎秆细、生长缓慢。防止土壤盐渍害要从多个方面综合着手。

一是勤划锄。揭开地膜划锄，提高土壤透气性，浇水后，土壤表层板结，透气性大大降低，每次浇水过后也应及时划锄。

二是增施有机肥和微生物菌剂。土壤有机质的含量不丰富，可增施有机肥来提高土壤有机质含量，改善土壤团粒结构，并增加微生物菌的用量，微生物菌可促进有机肥快速分解，这对促进团粒结构的形成有推动作用，同时微生物菌也能使肥料中的养分加速移动和流转，使肥料中的营养元素更容易被黄瓜吸收，还能减少肥料在土壤中的固定和流失。

三是适当减少化学肥料的用量。盐渍化土壤一般氮磷钾含量均超标，基肥中可少用或不用复合肥，追肥中适当减少水溶肥的用量，建议选用吸收利用率高、养分全面的水溶肥，用量少，残留低。此外，建议在黄瓜生长期间水溶肥与功能性肥料配合施用，在保证养分供应的同时，还能改土养根，逐渐减缓土壤盐渍化程度。

四是补充微量元素肥料。氮磷钾超标，会对钙、铜、锌、镁等多种中微量元素有拮抗作用，所以要及时进行补充，避免黄瓜出现缺素症，通过叶面喷施或随水冲施富含中微量元素的肥料，快速补充多种中微量元素，保证黄瓜中微量元素的供应。

60. 大棚黄瓜施肥要注意防止肥害

问：（现场）大棚里的黄瓜叶片出现大面积叶片中间一块块的白斑（图1-110、图1-111），请问是什么病？

图1-110　黄瓜叶片氨气中毒初期　　图1-111　黄瓜氨气中毒叶片发病重

答：这个大棚里有一股刺鼻的气味，应是氨气中毒。黄瓜盛果期一般都是气温较高的季节，追加化肥（碳酸氢铵肥料）如果不注意棚室温度，就会造成这种叶脉间或叶缘出现水浸状斑纹的氨气中毒状。在对黄瓜进行叶面施肥时，有些不法厂商在叶面肥、冲施肥中加入对作物起刺激速效作用的激素类物质，剂量一多就会产生叶面肥害（有时是激素药害），造成叶片僵化、变脆、扭曲畸形，茎秆变粗，抑制了植株生长，造成微肥中毒。

因此，喷施叶面肥应掌握剂量，做到合理施肥，配方施肥。夏季或高温季节追施化肥时，应尽量沟施、覆土。施肥应避开中午时间，傍晚进行并及时浇水通风。有条件的棚室提倡滴灌施肥浇水技术，可有效避免高温烧叶及肥水不均状况。

61. 夏秋黄瓜要特别注意防止黄瓜药害

问： 夏秋黄瓜差不多是用药灌出来的，我的黄瓜经常打药，叶片上面都可以看到药斑（图1-112、图1-113），但总是效果不好，是什么原因？

图1-112　黄瓜十三吗啉药害叶正面　　图1-113　黄瓜十三吗啉药害叶背面

答： 夏秋黄瓜病虫害多，用药频繁，但要掌握正确的使用方法。若长期使用一种药剂，或随意混配药剂，频繁进行高浓度喷药，容易引起药害，特别是早春大棚黄瓜和夏秋黄瓜。黄瓜叶片表现为褪绿，有的为黄白色，有些还有枯斑，但叶片出现症状的时间较集中，且无蔓延现象，这些都是药害的表现。黄瓜苗期用药不当，也易产生药害（图1-114、图1-115）。在黄瓜生产上用药防治病虫害时，要注意以下几点，防止药害发生。

一是正确选用药剂。在蔬菜作物中，黄瓜对农药是比较敏感的，要求使用剂量也较严格。特别是苗期用药浓度和药液量更应该严格掌握，需要减量或使雾滴均匀。不同的农药在不同的蔬菜作物上的使用剂量是经过大量试验示范后才推广应用的，在施用时应尽量遵守农药包装袋上推荐使用的安全剂量，不宜随意提高用药浓度。

图1-114 黄瓜苗铜制剂典型药害：   图1-115 生长点纠结在一起
匙形叶，皱缩

二是尽量将除草剂与其他农药分别使用喷雾器，避免交叉药害的发生。施过除草剂的地块不能种黄瓜，比如施过氟乐灵除草剂的，土壤有残留量，如果育黄瓜苗或种黄瓜，就会出现药害。所以，对除草剂用过的器械或喷过的地块，要小心，最好不用、不种。

三是用药时机和方法要得当。高温时喷药，浓度要降低，同时，避免炎热中午喷药，特别是保护地。喷药不能马虎，不要重复喷药，不得随意加大浓度，否则容易产生药害。有些药对黄瓜敏感的不要选用。如果选用，浓度要降低，或先喷几株，观察没有药害才推广使用。农药喷多了，喷浓了，不仅容易产生药害，而且易污染环境和黄瓜。所以，对病虫为害，要以预防为主，综合防治，少用化学农药，并掌握防治技术，混用药要合理，不能盲目随意混用。

四是出现药害后，如果受害秧苗没有伤害到生长点，可以加强肥水管理促进快速生长。小范围的秧苗可尝试喷施赤霉酸或芸苔素内酯等生长调节剂缓解药害。加强水肥管理，中耕松土，既可解毒，又可增强植株恢复能力。黄瓜种植田周围如果有人使用除草剂，可用鲜牛奶250毫升兑水15升或均衡微肥喷雾解除除草剂危害。

62.冬春季节黄瓜要谨防低温障碍

问： 我的早春大棚黄瓜昨天被风吹坏了，早上起来一看，差不多所有的黄瓜叶片出现叶肉组织坏死（图1-116），请问这是什么病？

答： 这是冷害，主要是大棚被风吹掉后失去了保温作用，黄瓜在生育过程中遇到了低于其生育适温的连续长期或短期低温的影响，使黄瓜发生生理障碍，延迟黄瓜生育或造成减产，称为低温生理病，有时甚至发展成冷害。一般的表现为叶缘叶黄，或叶肉组织坏死，严重的开始表现为水渍状，以后干枯死亡。受寒流袭击时，幼嫩组织呈水渍状坏死，中部叶片受害初期沿叶脉形成黄褐色水渍状，以后形成掌状黄脉。

黄瓜是喜温作物，它耐受寒冷环境的程度是有限的。黄瓜的生长适温为昼温 22 ~ 29℃，夜温 18 ~ 22℃。温度低于 12℃时植株停止生长，当冬春季或秋冬季节栽培或育苗时，在遭遇寒冷，或长时间低温或霜冻时黄瓜植株本身会产生因低温障碍受害症状。低于 6℃植株就会受寒害，低于 2℃时会引起冻害，生存在寒冷的环境里，叶肉细胞会因冷害结冰受冻死亡，突然遭受零下温度会迅速冻死。

在黄瓜生产上，特别是冬春黄瓜生产，要根据天气预报，提前做好预防低温冷害或冻害的相关措施。

苗期防低温冷害（图 1-117）。在揭膜前 4 ~ 5 天加强夜间炼苗，只要是晴天，夜间应逐渐把棚膜揭开，由小到大逐渐撤掉。在低温锻炼的同时采用干燥炼苗及蹲苗。育苗期注意保温，可采用加盖草毡、棚中棚加膜进行保温，抗寒。突遇霜寒，应进行临时加温措施，如烧煤炉或铺施地热线、土炕等。

图1-116　黄瓜成株期冷害　　　　图1-117　黄瓜苗期冷害

定植期预防低温冷害。根据生育期确定地温保苗措施避开寒冷天气移栽定植，选择冷空气过后回暖的天气定植，南方最好选有连续 3 天以上晴天定植。棚膜应选用无滴膜。提倡采用地膜、小棚膜、草袋、大棚膜等多重覆盖，做到前期少通风，中期适时、适量放风。定植后提倡全地膜覆盖，可有效地降低棚室湿度，进行膜下渗浇，小水勤浇，切忌大水漫灌，有利于保温排湿。有条件的可安装滴灌设施，既可保温降湿还可有效地降低发病机会。做到合理均衡地施肥浇水。

喷施抗寒剂，可选用 3.4% 康凯可湿性粉剂 7500 倍液，或每桶水加红糖 50 克再加 0.3% 磷酸二氢钾喷施。喷洒 47% 春雷·王铜可溶性粉剂 500 倍液或新植霉素 5000 倍液杀灭冰核细胞，预防霜冻发生。喷洒 27% 高脂膜乳剂 80 ～ 100 倍液或核苷酸植物生长调节剂。

特别注意冻后缓慢升温，日出后用报纸或无纺布、遮阳网遮光，使黄瓜生理机能慢慢恢复，千万不可操之过急。

像这种大棚栽培的早春黄瓜，棚膜被大风吹掉后，损失已无法逆转，受害轻时，应迅速购置新的大棚膜，并尽快安上，并注意升温要缓慢进行。逐渐恢复后，叶面喷施磷酸二氢钾 + 尿素等叶面肥加防治细菌性的药剂防治 1 ～ 2 次。

63.大棚黄瓜高温闷棚防治病害要讲究方法

问：听说大棚黄瓜可以采用高湿闷棚法防治霜霉病等病害（图 1-118），怎么操作？温度高了不会把黄瓜植株闷死吗？

图1-118　黄瓜闷棚可防治病虫害

答：大棚黄瓜采用高温闷棚法，对防治霜霉病、灰霉病等病害效果好，但一定要针对不同病害，把握好不同的要点和注意事项。

防治黄瓜霜霉病应把握"浇水 + 高温"的要点。闷棚的前一天要浇上小水，提高棚内湿度，并适当提高夜温。闷棚应在晴天中午进行，封严棚室，事先不能放风排湿。闷棚时在棚内中部的黄瓜秧生长点的高度，分前、中、后各挂一支温度表。温度上升到 40℃时，通过调节风口，使温度慢慢上升到 45℃时就开始计时，每隔 5 ～ 10 分钟观察一次，保持 45℃，最高不得超过 48℃，连续 2 小时。闷杀后，适当通风，使温度缓慢下降，逐渐恢复到正常温度，病害重时，可间隔 2 天再进行一次闷杀，完全可以控制霜霉病的继续为害。

在进行闷杀时最容易出现的问题是：温度已超过 45℃，但闷棚的时间又没到 2 小时，这时不可开通风口放风降温。因为高温放风的同时要排出大量湿空气，这样再继续闷棚就要灼伤生长点。只能用放几块草苫或遮阳网来遮光降温，这样才能达到安全降温的目的。闷棚时间到达后，要从棚顶部慢慢加大放风口，使室温慢慢下降。高温闷棚后应加强水肥管理，叶面喷施"尿素 0.25 千克（氮肥）+ 糖（红糖、白糖均可）0.5 千克 + 水 50 千克"的糖氮液，再加上 0.3% 磷酸二氢钾，隔 5 天一次，连续 4 ~ 5 次，即有防治霜霉病的作用，还可促使植株恢复生长。

要注意闷棚前一天必须灌水，当天早上不能放风，闷棚第二天还要及时再灌一次小水，才能保证瓜秧不受伤害。

不同品种耐热性不同，因此，闷棚时必须经常到棚内观察瓜秧表现，如温度已在 43℃以上，发现上部叶片不上卷或生长点的小叶片萎缩时，说明土壤缺水或空气干燥，也可能地温低，瓜秧吸水困难，瓜秧表现出不能适应高温，这时应马上停止升温，由顶部慢慢打开通风口，结束闷棚，改用百菌清、霜霉威、霜脲锰锌、甲霜锰锌等药剂进行化学防治。

高温闷棚后放风须缓，防止闪苗。闷棚时间到达后，一定要从棚的顶部缓慢放风，防止由于放风过速造成叶片受伤。若放风后蔬菜出现萎蔫，可向植株上喷洒温水缓解。

采用高温闷棚防治黄瓜霜霉病经济有效，可千万要注意正确操作，切不可一闷了之。

防治黄瓜灰霉病应不浇水升温。黄瓜灰霉病受到抑制的温度相对较低，可以在不影响黄瓜植株生长的情况下进行，土壤中含水量低时进行闷棚，可将温度升至 35℃闷棚 2 小时加以防治。

第二章 南瓜栽培关键问题解析

第一节 南瓜品种与育苗关键问题

64. 南瓜品种要根据销售地消费者的习惯选用

问： 今年准备种四五亩地的南瓜，请问什么品种好？

答： 南瓜的品种是较多的，食用南瓜根据类型有中国南瓜和印度南瓜。此外还有供观赏的南瓜。目前生产上栽培最广的南瓜是中国南瓜，其次是印度南瓜（图2-1）。

而中国南瓜中种植面积最大的品种是密本南瓜系列（如广东汕头密本南瓜、兴蔬大果密本南瓜等，图2-2）。在湖南农村，还有一部分农民种植黄狼南瓜（图2-3）。推荐密本南瓜系列，该品种的市场前景近十多年一直均占较大的市场。此外，根据消费者的消费习惯，个别地区喜欢粉面甜糯的南瓜，如法国萨姆（图2-4）。

密本南瓜：早中熟，植株生长势强，分枝多，茎较粗，主蔓第十五至第十六节着生第一雌花。春季从播种至初收85～90天，秋季55天，瓜棒槌形，成熟瓜皮橙黄色，果肉厚，心室小，肉橘黄色，肉质致密，水分少，口感细腻，味甜，品质极佳。耐贮运。单瓜重2.5～3千克，一般每亩产量3500千克。

图2-1 印度南瓜（板栗南瓜）

图2-2 蜜本南瓜

图2-3 黄狼南瓜

图2-4 法国萨姆南瓜

黄狼南瓜：又称小闸南瓜。早熟，生长势强，分枝较多，蔓粗，节间长。瓜形为长棒槌形，纵径35～45厘米，横径12～16厘米，顶端膨大，种子少，果面平滑，老熟瓜皮橙红色，成熟后有白粉，无棱，稍有皱纹。肉厚，肉质细致，味甜，品质好，耐贮藏。生长期100～120天。单瓜重1.5～2.5千克。亩产2000～2500千克。

65.南瓜穴盘育苗有讲究

问：（现场）请帮我把把南瓜穴盘育苗的关。

答：总体说来，还是很好的。比如基地培育的法国萨姆南瓜苗（图2-5），几乎粒粒发芽，棵棵壮实，大棚采用的新膜，透光度好。

不像一些基地，早春大棚膜就像是覆盖的遮阳网，透光率严重低，温度提不上，光线高度不足，育什么、种什么都不能起到早春大棚春提早的效果。

接近中午时分，气温升高，及时把裙膜和大棚门敞开了，育苗基质水分适宜。从这些细节说明，这南瓜大棚早春冷床育苗算是过关了！

图2-5　萨姆南瓜穴盘基质育苗

66.培育南瓜苗要防止基质土湿度不够或盖籽土太薄形成"带帽苗"

问： 南瓜苗的壳夹住了叶子，长不好，是什么原因？

答： 这种情况叫种子顶壳（图2-6），又叫"带帽苗"，发生原因是基质土湿度不够或盖籽土太薄。基质装盘前应用清水喷洒，至含水量70%左右（用手握紧至有水滴出的样子），这种先填基质后浇水的方法是难以湿润基质的。

图2-6　南瓜顶壳苗

其次，播种后，要盖2厘米厚的膨化蛭石。当有20%左右的芽开始顶土时，再撒0.6厘米的细潮土保墒，让蛭石和细潮土帮助种皮脱落。

出现这种情况后，应在早上种皮湿润较软时人工帮助脱壳。对尚未出壳或刚出壳的，可再补一层盖籽土，然后补水保湿。

据了解，技术人员在配制基质时要注意一些细节：一是基质的配方要科学，不要为了省钱，再加菜土去填充；二是基质装填前，要先湿润至含水量70%后再装，旧穴盘应提前用20%左右的石灰水等进行消毒处理后再用；三是穴盘装满基质后，摞起来，把播种穴压出来后再人工点播种子；四是播种后，根据种皮厚薄决定盖籽厚度，一般0.5～1厘米不等；五是盖籽后，再用水把盖籽土湿润透；六是塌地盖膜保温保湿促幼苗出齐，齐苗揭去塌地膜，按常规方法管理。

67.长期阴雨天后放晴注意防止南瓜苗"闪苗"

问：帮我看看这南瓜苗子，前几天落冰雹后南瓜苗还好，今天出太阳后全部萎蔫，不知是冻死的还是得了病？

答：根据近几天的天气状况，经几位专家综合分析认为这是一种"闪苗"现象（图2-7）。特别是在3月底4月初的倒春寒天气容易发生，尤其是冰雹后，经过10多天较长时间的寒冷低温后，天气突然放晴，若全部揭开大棚通风透气，外界温度较高，空气干燥，南瓜苗突然失水，出现凋萎，叶细胞突然失水过度，很难恢复，轻者叶片边缘或网脉之间叶肉组织干黄，重者整个叶片干枯，如火燎一般。

图2-7 南瓜苗"闪苗"现象

通俗地讲，就是揭快了，幼苗一下子从弱光到强光，从低温到高温，受不了，出现的失水萎蔫现象。

经临田现场观察，棚内培育的冬瓜苗上面还盖着遮阳网，未出现"闪苗"现象，印证了南瓜苗出现的问题是"闪苗"。

遇到这种长期低温阴雨后天气突然放晴的天气，不要马上揭开大棚通风，而应在大棚内的小拱棚上加盖遮阳网或草苫遮阳（像棚内的冬瓜苗那样，就没出现问题），防止强光刺激，过一段时间后，再逐步揭开遮阳网直至全揭，再开小拱棚两头，再揭小拱棚膜的一半，待瓜苗适应后，再把小拱棚膜全部揭去。要根据棚内温度状况，由小到大逐步开大通风，千万不能看到太阳就把大棚内小拱棚膜及大棚门全部揭开。

若发现及时，可把小拱棚重新盖上，关上大棚门，小拱棚上盖遮阳网，再采取上面的办法逐渐揭开棚膜。为害轻的还有救的，可在幼苗稳定后，根据情况适量喷水，或喷100～300倍的食醋液，然后用海藻酸类（如海藻多糖）或甲壳素类叶面肥加百菌清，或甲基硫菌灵、克霉灵等广谱性药剂防病促叶。

南瓜栽培管理关键问题

68.南瓜田化学除草剂要注意根据不同的土质选用不同的剂量

问：每年南瓜地里的草有些地块长得比南瓜苗还要高，几乎只看见草，看不到南瓜藤（图2-8），有些地的草除得好些，请问是什么原因？

答：据了解，南瓜田常年的杂草有稗子、狗尾草、苍耳、早熟禾、藜、凹头苋、龙葵、繁缕等。之所以有些没有除好，可能与喷药时没有根据不同的土质选用相应剂量，导致有些剂量不足所致。南瓜田除草可以选用芽前除草和茎叶除草两种方法，或结合施用。移栽南瓜田在移栽前可以选用草甘膦进行清园处理。

一是采用芽前除草。异丙甲草胺与噻吩磺隆混用可同时防除南瓜田禾本科和阔叶杂草。不同土壤质地每亩720克/升异丙甲草胺用量分别为：砂质土100毫升、壤质土133毫升、黏质土200毫升；不同土壤质地每亩用960克/升异丙甲草胺用量分别为：砂质土50～60毫升、壤质土67～80毫升，黏质土100毫升。以上药剂可以混用15%噻吩磺隆10克/亩或25%噻吩磺隆6克或75%噻吩磺隆2克，南瓜直播田在播后苗前、移栽田在移栽前施药。

异丙甲草胺与异噁草松混用可同时防除南瓜田禾本科和阔叶杂草，对南瓜安全。不同土壤质地每亩720克/升异丙甲草胺用量分别为：砂质土100毫升、壤质土133毫升、黏质土150毫升；不同土壤质地每亩960克/升异丙甲草胺用量分别为：砂质土50～60升、壤质土67～80毫升，黏质土100毫升，以上异丙甲草胺用量均可同480克/升异噁草松按亩67毫升用量混施，南瓜直播田在播后苗前、移栽田在移栽前施药。

土壤有机质含量低于2%的砂质土、低洼地、平播南瓜地不推荐使用苗前土壤处理方式；高湿低温年份药害较重，要谨慎使用，且严格掌握用药量，不得超量。

二是生长期除草采用茎叶除草。如可选用烯禾啶、精喹禾灵、精吡氟禾草灵、高效氟吡甲禾灵、烯草酮。在南瓜苗后，禾本科杂草3～5叶期，每亩用12.5%烯禾啶乳油80～100毫升、50克/升精喹禾灵乳油60～80毫升、150克/升精吡氟禾草灵乳油50～65毫升、108克/升高效氟吡甲禾灵乳油330～45毫升、120克/升烯草酮45～50毫升，兑水15～20升均匀喷雾。

灭生性除草剂：移栽南瓜田可在移栽前，每亩用41%草甘膦133～200毫升防除早春出土的一年生和多年生杂草。

防除沟渠、畦里的杂草时，最好不要用草甘膦，以防漂移药害（图2-9），对出现药害较多时，可喷施芸苔素内酯或复硝酚钠等进行缓解。

图2-8　南瓜生长前期杂草丛生　　图2-9　南瓜草甘膦漂移药害

69. 南瓜爬地栽培要把好定植关

问：我想等这两天的雨后开晴，抓住时间把南瓜苗栽下去（爬地栽培），如何把好定植关？

答：南瓜整地定植要把握好以下三点。

一是整好地施足肥。在前茬作物收获后，及时清洁田园，翻耕土地。基肥以有机肥为主，每亩撒施腐熟有机肥4000～5000千克（或商品有机肥400～500千克），在有机肥不足的情况下，补施氮磷钾复合肥15～20千克，与有机肥混合一起施入土层中。

基肥有撒施和集中施用两种方法。撒施时结合深耕，均匀撒施有机肥或复合肥以后，反复耙两次，使肥料与土壤均匀混合。然后开排水沟和灌水渠，即可做畦。在肥料较少时，一般采用开沟集中条施，将肥料施在播种行内。

要特别注意基肥不宜施得过多，防止苗期营养生长过旺。

二是深沟高畦作畦。南瓜最主要方式是爬地栽培，爬地栽培中又有露地栽培（图2-10）和早熟小拱棚覆盖栽培（图2-11）。按畦面宽3米作畦，畦高20～30厘米。在畦的一侧按50～60厘米的株距定植，成蔓后向一个方向引蔓，也可将两畦并为小区，使两边的瓜蔓相对引蔓，或在畦中间种一行，使其向两边分蔓。其间可点种玉米、高粱等提高土地利用率，并起到遮阳、防蚜作用。每亩约700～800株。

 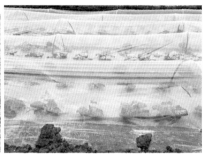

图2-10 自育苗南瓜露地地膜覆盖栽培　图2-11 南瓜小拱棚套地膜覆盖栽培

三是把好定植关。定植的时间一要根据当地的终霜期早晚而定，多在4月中下旬，2～3片真叶时定植，如果定植时有地膜覆盖或地膜加小拱棚覆盖的设施，可提早7～10天定植。要抢"冷尾暖头"天气带土定植，或用营养钵、营养土块育苗至2～3片叶时移栽。

定植时要挑选壮苗，淘汰弱苗、无生长点的苗、子叶不正的苗、散坨伤根苗和带病黄化苗。栽的深度以子叶节平地面为宜。及时覆土，浇足定根水。定植时，还应在田边角处留一些备用苗，以供日后补苗之用。

70.南瓜生长期整枝理蔓有讲究

问： 基地的（爬地）南瓜整枝采用的是留三蔓，即一主两侧，理蔓是主蔓和二根侧蔓朝相反方向延伸，这样做正确吗？

答： 这种整枝理蔓方式（图2-12、图2-13）很好，完全正确，说明管理很到位，讲究精细管理。一般来说，对于爬地栽培的中国南瓜，如果生长势弱、分枝性不强的品种，可以不进行整枝。但对于生长势旺、侧枝发生多的品种应进行整枝，去掉一部分侧枝、弱枝、重叠枝，否则，由于南瓜枝叶茂盛，往往易引起化瓜。

　　这种整枝方法叫"保留主蔓整枝"法，采用的是一主一侧（或两侧）式整枝，保留主蔓，选留 1～2 条健壮侧蔓，去除其余所有侧蔓，采用此法整枝由于主蔓始终保持了顶端优势，结果较早，但主蔓与各侧蔓间长势参差不齐，开花授粉时间不一，果实成熟不一致。也有的采用单蔓式整枝，是把侧枝全部摘除，只留一条主蔓结瓜，一般早熟品种，特别是密植栽培的中国南瓜，多用此法整枝。值得注意的是，在剪除多余侧蔓时，一定要留 1～2 厘米后剪（图2-14），防止剪口感染病害。另外，整枝理蔓应在晴天进行。

图2-12　基地员工在给南瓜整枝

图2-13　南瓜主蔓与侧蔓朝相反的
　　　　方向理蔓

图2-14
剪除多余侧蔓时要注意留1～2厘米后剪

　　生产上还有一种"苗期摘心法"，主要分为双蔓式整枝和多蔓式整枝，即在苗期就进行摘心，然后选留长势健壮且相近的两条侧蔓或多条侧蔓进行结瓜。苗期摘心后，选留的瓜蔓长势相对一致，开花坐果时间及节位相近，果形正常，成熟期相对一致，商品率高，因此从加强果实商品性和便于管理方面考虑，在生产中多采用此法进行整枝。这种方法也可以试试，但要早。

对于中晚熟品种，可以采用双蔓式整枝和多蔓式整枝法，即在主蔓第五至第七节时摘心，而后留下 2 ~ 3 个侧枝，在侧枝上留瓜。

至于理蔓，主要是根据地块的作畦方式进行理蔓，使瓜藤能均匀分布于地面，合理利用空间。

此外，有的还需要在理蔓后进行压蔓，当蔓伸长 0.6 米左右时第一次压蔓，即在蔓旁挖一个 7 ~ 9 厘米深的浅沟，将蔓轻轻放入沟内，再用土压好，生长顶端要露出 12 ~ 15 厘米，以后每隔 0.3 ~ 0.5 米压蔓一次，共 3 ~ 4 次。南方多雨，可用土块压在地面，使南瓜顶端12 ~ 15 厘米露出土面即可。

71. 早熟蜜本南瓜坐瓜推迟或坐瓜少原因有多种

问： 4 月上旬地膜覆盖栽培的早熟蜜本南瓜，到 6 月中下旬发现南瓜植株表现坐瓜推迟、坐瓜少，是不是种子问题？

答： 不是，应是开花坐果期气候条件不适，以及移栽后未进行追肥、浇水、整枝摘心、压蔓理蔓、保花保果、防病治虫等田间管理所致（图 2-15）。其可能的原因分析如下。

图 2-15　专家调查南瓜难坐瓜的原因

一是播期略迟。蜜本南瓜属于短日照作物，在短日照（10 ~ 12 小时）条件下可形成大量雌花，所以，及时提早保温营养钵育苗是促进成熟和增加产量的关键。通过早春低温和短日照处理，有利于促进雌花发育，使其在夏至前能形成大量的雌花，增加雌花量和坐瓜数，提高前期产量。早熟品种为达到早上市的目的，应根据品种的特征特性，采取适当的保温措施，适当提早育苗。在湖南省益阳市，南瓜育苗时间一般在2月中下旬至3月初，地膜加小拱棚栽培可提早到2月上旬育苗。因此，在采用地膜覆盖早熟栽培应适当提早育苗。

二是开花坐果期雨水过多。南瓜在开花时期雨水过多，湿度大，光照少，温度低，往往影响南瓜的授粉与结瓜，造成僵蕾、僵果或化果，尤其是阴雨天持续时间长更难坐瓜。主要原因是雨天多，子房及花器的发育受到影响，加之雨水极易冲去雌花柱头上的花粉或使花粉破裂失去发芽能力，难以完成授粉过程。因此，在雨季应及时开沟排水，降低田间湿度。开花期采取人工授粉或植物生长调节剂保花保果。

阴雨天和昆虫少时，进行人工授粉。南瓜为雌雄异花授粉植物，依靠昆虫传粉才能结瓜。为提高南瓜坐瓜率，需进行人工辅助授粉。授粉时，用雄花花蕊在雌花柱头上轻轻涂抹，使花药均匀分布在雌花柱头上，选择晴天上午8时前进行，以早晨4~6时授粉最好。授粉以后，顺手摘张瓜叶覆盖，或及时扎口或套袋。一般每朵雄花授三四朵雌花。

在南瓜长出3~4片真叶时，用100~200毫克/千克乙烯利处理，间隔10~15天再喷一次，直接喷洒瓜苗，促使瓜苗雌花早开，幼瓜早结。又如，在南瓜花期，用20~25毫克/千克的2,4-滴溶液，涂于正开的雌花花柄上，可防止果柄脱落，提高结果率。

三是营养生长与生殖生长失调。在南瓜生产上，土壤肥沃，营养丰富，有利于雌花的形成，但在南瓜生长前期氮肥过多，雨水多，不行整枝，或整枝和留蔓不合理，种植密度过大，蔓叶郁蔽，通风透光差，营养生长过旺等，均容易引起茎叶徒长，头瓜不易坐稳而脱落。生产者施肥时应根据南瓜对养分需求的特点和土壤肥力进行合理施肥，防止养分供应失衡而导致营养生长过旺。苗期应适当压蔓理蔓。

出现徒长现象（瓜蔓生长点部位粗壮上翘、叶色深绿时），应进行瓜前压蔓，促进坐瓜。在瓜前一节，轻轻把茎捏扁，削弱顶端优势，使养分集中供应幼瓜。根际盘蔓，控制徒长。当发现瓜田植株生长过旺，在雌花出现前，结合打杈将茎蔓轻轻拉回盘绕在根周围，这样既控制了茎蔓徒长，又增加了通风透光量，同时便于人工授粉等农事操作。

四是病害化瓜。为害南瓜花果的一些病害，如灰霉病、疫病、黑根霉果腐病、褐腐病等，导致花果腐烂，此时南瓜植株叶片面积大，根系发达，加上开花坐果期雨水多，气温较高，导致植株疯长，营养生长过旺抑制生殖生长，因而坐不住果。因此，发现有病害时，要及时采取措施进行用药防治，不能因南瓜病害发生少、轻而忽视病害的防治。

五是未进行打顶摘心。瓜苗成活后有 8 ~ 10 片真叶时打顶，使侧蔓及早发生，促进雌花的早发和形成，使瓜数增多。

由于上述原因同时存在，相互作用，出现坐瓜节位较高、产量较低、差异较大的情形也是自然而然的。这正与生产者种植水稻、棉花，同一品种在不同地块种植或由不同的生产者种植，产量出现差异的道理一样。

72.南瓜坐瓜期要加强管理防止化瓜现象

问: 南瓜没长大就死了，不知是什么病？

答: 这南瓜出现了化瓜现象（图 2-16）。南瓜化瓜为生理性病害，光合产物的供应不足是南瓜化瓜的主要原因。植株徒长、老化、温度过高或过低等，都会影响光合作用的进行。

一种是植株徒长造成的化瓜。原因是指茎叶生长点争夺养分的能力强，营养生长过旺，而南瓜的花果，则因为争夺养分的能力低，得不到足够的养

图2-16　南瓜化瓜

分，形成化瓜，高温、高湿、光照不足、氮肥过多等条件，都会引起植株徒长化瓜。

防止措施：徒长可通过控制浇水施肥、喷用抑制剂如 5% 助壮素可湿性粉剂 500 倍液或 15% 多效唑可湿性粉剂 1500 倍液等措施控制。调节好营养生长与生殖生长的平衡，根据植株长势采收，弱株应尽量早采收，徒长株应适当晚采收。

一种是光合产物不足引起的化瓜。在连阴天的情况下，光照弱，叶片产生的光合产物首先要维持根系、叶片的需求，才能再满足南瓜的生长需要。若较长时间的营养供应不良，化瓜自然就会产生。

防止措施：调节温度，加强管理，控制夜间温度，加大昼夜温差，

减少呼吸消耗。及时补充光照，如遇到阴雨连绵的天气，可采用悬挂照明灯、铺设反光膜的方法补充光照。而药剂处理可用 25 ~ 30 毫克 / 升的 2,4- 滴或 50 毫克 / 升的防落素涂抹花梗，或用 80 ~ 150 毫克 / 升的赤霉素喷果，效果不错。

73.南瓜开花期人工授粉或药剂喷花保果

问: 南瓜结了好多的果，但就是易落果，有什么办法吗？

答: 上述的果，还只是雌花（图 2-17），之所以难坐住，与田间的肥水管理、整枝打杈等有关。除了加强整枝理蔓，控制过分徒长外，雌花开放时期可采用人工授粉或应用植物生长调节剂的方法促进坐果。

图2-17 南瓜雌花

采用人工授粉的方法，可以防止落花，提高坐果率。方法是：选择晴天上午 8 时前，采摘几朵开放旺盛的雄花，用蓬松毛笔轻轻地将花粉刷入干燥的小碟子内，蘸取混合花粉轻轻涂满开放雌花的柱头上，再顺手摘张瓜叶覆盖。也可将雄花采摘后，去掉花瓣直接套在雌花上，或把雄蕊在雌花柱上轻轻涂抹。如遇阴雨天，可把翌日欲开的雌花、雄花用硫酸纸制成的小袋套住花冠，或用发夹或细保险丝束住花冠，待次日雨停时，将花冠打开授粉，并用叶片覆盖授过粉的雌花。南瓜雌花比雄花早开 3 ~ 5 天，第一雌花开放后，可用西葫芦雄花替代授粉。

植物生长调节剂应用。3 ~ 4 片真叶时，用 2500 倍的乙烯利稀释液，直接喷洒瓜苗，促使雌花早开，幼瓜早结。花期，用 20 ~ 25 毫克 / 千克的 2,4- 滴或萘乙酸溶液，涂于正开的雌花花柄上，可防止果柄脱落，提高结果率。幼果期，用 10 ~ 20 毫升 / 千克的赤霉素涂抹幼果，每隔 5 ~ 7 天 1 次，共涂 2 ~ 3 次，可明显促进膨大，促进成熟，提高品质。用 250 ~ 500 毫升 / 升矮壮素溶液浇灌根部，可防止瓜蔓徒长，促进结瓜。

74.南瓜早春大棚栽培要合理施肥

问： 大棚栽培的嫩早南瓜，肥料一施多了就易徒长，如何把握好施肥量呢？

答： 南瓜施肥要少量多次，适量施基肥，及时追肥，不搞"一炮轰"的施肥法，否则，前期易形成营养生长过旺，导致难坐瓜。南瓜采用大棚栽培（图2-18），一般是选用早熟品种，以嫩瓜上市，春淡上市，价格较好。结合深翻，每亩施充分腐熟农家肥3000千克（或商品有机肥500千克）、复合肥50千克、硫酸钾40千克，然后细耕，使肥土混合均匀。做畦宽连沟1.3 ～ 1.4米，沟宽0.35米，畦面呈龟背形。定植前15天灌水造墒，定植前5天扣棚膜，提高棚内温度。

在追肥方面，一般当植株长到5叶1心时，每亩追施尿素15千克、硫酸钾5千克，随即浇水。

抽蔓后，严格控制施肥浇水。开花坐瓜期控制浇水，防止化瓜。当植株进入生长中期，坐瓜后和嫩瓜采收期间每10天左右追施一次腐熟人畜粪水，或1 ～ 2次复合肥，每次每亩施15 ～ 20千克。

75.密本南瓜要注意合理施基肥与及时追肥

问： 我今年准备种二三十亩密本南瓜，想提前把肥料准备好，有什么好的建议？

答： 密本南瓜这个品种好，在全国的市场上都比较好销。南瓜育苗的时间短，在育苗的同时，要提前搞好整土施肥工作。一般结合深翻，按每亩施充分腐熟农家肥（图2-19）2500千克（或商品有机肥

图2-18 南瓜大棚早熟栽培

图2-19 商品有机肥

300 千克，或饼肥 50 千克）、三元复合肥 25 ～ 30 千克，配施锌、硼肥各 1.5 千克进行备肥施肥。丘陵地贫瘠，可稍微加大施肥量，采用瓜畦上条施。

考虑到在南方地区早春雨水多，保持厢沟畅通，明不受淹，暗不受渍，确保瓜苗早发快长。移栽后 7 ～ 10 天，每亩追施尿素 6 千克。抽蔓后，开沟条施复合肥 8 千克加钾肥 7 千克覆土，避免单施氮肥。

南瓜有节节生根的能力，有根就可吸收大量的营养，所以，施肥量不能过大，以免旺长。坐瓜期遇干旱，特别是春旱和初夏干旱，要及时抗旱供水，保证水分充足。

76. 爬地南瓜要合理追肥

问： 南瓜是否要追肥？我前段时间在每株南瓜旁撒了一把复合肥，这么做行吗？

答： 南瓜当然要追肥。苗期如果长势不好的话，可以每亩追施尿素 5 ～ 8 千克。

开始爬蔓时，也可在距根部 10 ～ 15 厘米处追肥，只不过上述这种追肥的方法不妥（图 2-20），不能把肥料撒在地面上就不管了，要采用开沟或开穴的方式，用湿土埋住。一般按每亩施入腐熟优质有机肥 800 ～ 1000 千克，或饼肥 130 ～ 150 千克，或 45% 复合肥 8 千克加钾肥 7 千克覆土，避免单施氮肥。施肥后要及时浇水。南瓜有节节生根的能力，有根就可吸收大量的营养，故施肥量不能过大，以防旺长。

图 2-20　南瓜追肥方式不妥

当坐稳一两个幼瓜时，应在封行前重施追肥，每亩施用硫酸铵10～15千克或尿素7～10千克，或复合肥15～20千克，再盖上泥土。

开始采收后，每亩追施粪肥300千克左右或硫酸铵15～20千克，或尿素7～9千克。可防止植株早衰，增加后期产量。如果不收嫩瓜，收老瓜，后期一般不追肥，根据土壤干湿情况浇一两次水即可。多雨季节及时排涝。

在追肥时应注意位置，苗期追肥应靠近植株基部施用，进入结果期，追肥位置应逐渐向畦的两侧移动，一般进行条施。

叶面喷肥对南瓜生长发育及产量形成具有一定作用，特别是南瓜生长的中后期，可用0.2％～0.3％的尿素、0.5％～1％的氯化钾、0.2％～0.3％的磷酸二氢钾叶面喷施，一般每7～10天喷施一次，几种肥料可交替施用，连喷2～3次。

77.南瓜基肥不宜过多，否则前期徒长易出现难坐瓜现象

问：50亩南瓜不结果，4月底5月初播的种，会不会是品种的问题，或者是种得太晚了（图2-21、图2-22）？

图2-21　某南瓜品种正常坐瓜少　　图2-22　某南瓜品种杂瓜

答： 这不是品种问题，也不是种得过晚的问题，而是基肥施用过多，加上未进行整枝抹杈导致的徒长现象（图2-23），营养生长过旺，以致影响了生殖生长。

图2-23 南瓜基肥过多致植株徒长

经了解，该农户种植的是贵族南瓜品种，采用的稻田地膜覆盖栽培，每亩400株，基肥施用了有机-无机复混肥料（8-10-11）75千克、硫酸钾型复合肥料（15-15-15）75千克，很明显，基肥施用过多。再看田里密不透风的南瓜梢和叶，徒长现象很明显。种植瓜菜的都有过亲身体验，越是长得茂盛的，越不结瓜。一般而言，南瓜基肥宜结合深翻，每亩施充分腐熟农家肥2500千克（或商品有机肥300千克，或饼肥50千克）、三元复合肥（15-15-15）25～30千克，配施锌、硼肥各1.5千克。待坐稳果后，再视情况适当追肥。

南瓜种子问题无非是发芽率、水分和纯度等符合要求，田间鉴定主要是纯度鉴定，虽然，田里有少量的杂瓜，但只要纯度在该品种包装上标注的纯度范围内，就不能算是种子问题。

针对该农户的南瓜难坐果的问题，建议采用人工授粉的方式。或用强力坐瓜灵点花，促进坐果。此外，雨水多的年份，要做好三沟配套，做到雨住田干。

78. 南瓜采收有讲究

问： 南瓜收上来后，总是不经存放，易烂瓜，有的说收嫩了，有的说收得太老了，采收有无技术要点？

答： 这个还是有讲究的，生产上以嫩瓜（图2-24）采收为主的，雌花开放后10～15天即可采摘上市。

而以采收老熟南瓜（图2-25）为主的，应把握好合理的采摘时机，采收老熟、瓜形整齐、完整无伤的瓜，才易于保存，老熟瓜成熟标准为果皮坚硬，呈现固有的色泽，果面有蜡粉。一般采食老熟瓜的印度南瓜等宜在授粉后40～50天、果实已膨大成型、果柄部分开始木质化、

图2-24 及时采收的嫩南瓜　　图2-25 采收的老熟南瓜

果实内的品质已经改善、有较好口感时，及时进行采收。中晚熟的中国南瓜类型在开花后 50 ～ 70 天采收。

采收最好选择晨露已经消失、天气晴朗的午前进行，阴雨、露水未开或浓雾天气及大晴天的中午或午后均不宜采收。采摘时操作要轻，注意留果柄的长度要略高于果肩，切口处不要沾土，收后不宜马上堆码，宜放在阴凉通风条件下一段时间，散出田间热。

采摘过程中很难避免瓜被碰伤、擦伤等，应将受伤果实剔除，分开堆码。

对采收回来的老熟南瓜，最好进行分级后收藏或上市，可根据果形、新鲜度、颜色、品质、病虫害和机械损伤等方面进行初步分级，然后按照果实大小进行再次分级。

南瓜的分级可参考以下标准。

商品性状基本要求：具本品种的基本特征，无腐烂，具商品价值。

大小规格 / [单果重（千克）]：大 /1.3 ～ 1.5；中 /1.1 ～ 1.3；小 / 0.8 ～ 1.1。

特级标准：果形端正；无病斑，无虫害，无机械损伤；色泽光亮，着色均匀；果柄长 2 厘米。

一级标准：果形端正或较端正；无机械损伤，瓜上可有 1 ～ 2 处微小干疤或白斑；色泽光亮，着色较均匀；果柄长 2 厘米。

二级标准：果形允许不够端正；瓜上允许有干疤点或白斑；色泽较光亮；带果柄。

对分级后的南瓜果实进行简单涂料处理，在一定时期内可减少果实的水分蒸发，保持果实新鲜，增加光泽，减少病原菌侵染，延长贮藏时间，提高商品价值。涂料应均匀适当，厚薄一致，用紫虫胶涂抹印度南瓜，可延长保鲜时间，减少风味损失。

南瓜的包装容器应具备原料易得、制作简单、成本低、牢固美观、利于贮藏堆码、方便运输、便于购销者处理等条件。可用筐装、纸箱装、塑料编织袋装等。

79.南瓜生长期要提前预防裂瓜现象

问： 好不容易结了一些南瓜，可还没有成商品，就裂了口，只能丢掉，这是什么原因导致的？

答： 南瓜幼瓜、成瓜都会发生裂瓜现象，在瓜面上产生纵向、横向或斜向裂口，裂口深浅、宽窄不一。严重开裂者裂口可深达瓜瓤，露出种子，裂口伤面木栓化。轻微开裂者仅为一条小裂缝（图2-26）。如是幼果开裂后果实继续生长，裂口会逐渐加深、加大。南瓜成熟期开裂后，更容易感染其他病害（图2-27），加速南瓜的腐烂。

图2-26　南瓜裂瓜　　　　图2-27　南瓜裂瓜后易感染病害致烂瓜

南瓜裂瓜的原因，主要是长期干旱或平时为预防灰霉病等侵染性病害而过度控水，在突降大雨或浇大水时，因果肉细胞吸水膨大，而果皮细胞已老化，不能与果肉细胞同步膨大，从而造成果皮胀裂。幼果遭受某些机械伤害出现伤口，果实膨大过程中则以伤口为中心而开裂。另外，开花时钙不足，花器缺钙，也会导致幼果开裂。

南瓜一旦发生裂瓜现象，就不可逆转，因此，在生产上要提前预见到可能会发生裂瓜的一些因素，提前采取防范措施。如选择地势平坦、土质肥沃、保水、保肥能力强的地块种植南瓜。精细整地，施足充分腐熟的有机肥，注意氮、磷、钾肥的配合使用。开花期喷施绿芬威或氯化钙等钙肥，预防植株缺钙。合理浇水，避免土壤干旱或过湿，特别要注意防止在土壤长期干旱后突然浇大水。保护地栽培时，要避免温度过高或过低，生长期温度以保持在 18 ~ 25℃为宜。农事操作时防止对幼瓜造成机械损伤。

80. 南瓜刺字要讲究方法

问： 我在一些蔬菜观光园里看到有些南瓜上刺了一些"福""寿"等字样，增加了观赏性，请问如何把握好时期正确刺字？

答： 刺字南瓜就是在南瓜坐瓜后的膨大期，在南瓜的表皮上通过针刺或划伤刺上文字或图案（图2-28、图2-29），随着瓜体的逐步膨大，在南瓜的表皮上长出精美的文字或图案，既可食用又很具观赏价值。

图2-28　刺字南瓜　　　　　图2-29　特色南瓜上刺字

南瓜刺字要掌握好时机，过早过晚均不适宜。一般在瓜开始迅速膨大的前、中期刺字效果最佳。刺字过早、瓜嫩，伤口易感染，字体变化大，观赏性差；刺字过晚，瓜皮容易老化，刺字后伤口变化太小，疤痕不明显，观赏性不佳。

刺字方法可有用划痕刺法和针刺刺法。划痕刺法，即用 10 号或 12 号铁丝自制刺锥，后端曲成圆环状或钉上木把手，前端将铁丝短截，尖端要比较钝不要太尖，手握消过毒的刺锥直接在瓜上刺字，随着瓜的进一步膨大，伤口会自然凸起，颜色与瓜皮色区分明显，十分美观。

针刺刺法，即在南瓜的表皮上附上一张写好字或打印好的纸片，再用消过毒的针沿着纸片上字的周围刺上密密实实的小点。也可以在纸上画出或打印出图画，然后针刺在南瓜上，长出精美图片。

刺字深度一般掌握在 2 ~ 3 毫米。

81.南瓜烂花烂秆原因多，要早预防

问： 大棚的里南瓜花烂了不少，这样的瓜难坐住，不知是什么原因？

答： 造成南瓜烂花（图2-30）烂秆的病害主要有两种：一种是细菌性软腐病。细菌性病害，只有在露水存在时才能传播侵染，寒流低温频繁给细菌侵染传播创造了良机。细菌性软腐病常造成茎秆伤口处腐烂，严重时茎秆全部腐烂，上部枯死，为害很大。另一种是灰霉病，灰霉病寄生性弱，腐生性强，最容易从残花处开始侵染，南瓜花

图2-30　南瓜烂花

开后，残花大，湿度高，最容易被灰霉病侵染，进而出现烂果、烂秆等问题。可以采取以下办法防治。

一是用好空气消毒片。空气消毒技术，切合"预防为主，综合防治"的植保方针，特别适用于灰霉病、霜霉病、叶霉病等暴发性强、主要依靠空气传播的病害种类。每亩棚室每次熏棚应用30片左右。晴天通风正常时，病害发生较少，可每周熏棚一次。遇到阴天、浇水、病害发生时，应增加使用次数，可2～3天使用一次。使用时，可间隔10米左右设置一个反应点（用矿泉水瓶即可），加入50毫升30～50℃的温水，投入4～6片空气消毒片，即可看到空气消毒片与水迅速反应，产生大量气泡，扩散后起到空气消毒的作用。

二是加强保温、铺撒秸秆，降低棚内湿度，提高棚温，从而减少露水，避免病原菌传播侵染。

三是做好药剂防治。预防病害时，选择生物菌剂效果最佳。日常管理中，可间隔10～15天，喷洒一次哈茨木霉菌500倍液、枯草芽孢杆菌500倍液、几丁聚糖1000倍液，可预防各种真菌、细菌性病害，提高叶片抗逆性，减少病害发生。一旦发现病害，应立即对症用药，如发现灰霉病可以选择氟啶胺、腐霉利、咯菌腈喷雾，细菌性软腐病可以用噻唑锌、氯溴异氰尿酸、中生菌素等喷雾。病害防治一定要早，即使阴天期间，也要及时喷药，提早预防病害，不要等到病害暴发以后再去

防治，需要注意的是适当降低用药浓度，减少复配药剂，添加碧护、海藻酸、悬浮钙等，提高叶片活性，避免药害发生。

82.高温季节谨防南瓜日灼病影响商品性

问： 这一段又是高温又是干旱，南瓜叶片失水萎蔫，南瓜也被晒得发红发黄，没有了商品性，这是什么原因呢？

答： 南瓜被晒得发黄发红，这是发生了日灼病（图2-31），后期会变薄呈白色，持续时间长了，被日晒处就易被腐生菌侵入，长出黑霉，彻底失去食用价值。在生产上，遇高温干旱，要适时浇水降温，种植密度要适宜，使南瓜果实在瓜叶上，让叶片遮挡强光，若是裸露无叶片覆盖，则应用其他覆盖物覆盖瓜体，防止直接暴露在空气中。

83.南瓜采后要妥善贮藏

问： 南瓜收起回来后，堆在禾场里，好多都烂了，十分可惜，不知为什么烂得这么快？

答： 采收回来的南瓜若任意堆放在敞开的禾场上（图2-32），日晒雨淋，很容易腐烂。要搞好南瓜的贮藏，就要把好采收关和贮藏关。

图2-31　南瓜日灼果　　　　　图2-32　南瓜要妥善贮藏

　　一是采收关。用于贮藏的南瓜一般是采收充分老熟的瓜。对选留贮藏的瓜，采瓜时，选晴天在留瓜柄2～3厘米长的瓜把处剪下，一般根瓜（第一果）不宜作贮藏用，可先摘除，留主蔓上第二个瓜作贮藏用。选择无伤、无病、肉厚、水分少、质地较硬、颜色较橙、果面布有蜡粉的九成熟活藤瓜。贮藏的瓜不能遭霜冻，早播以保证霜前能适当成熟。

生育期间最好不使瓜直接着地，可在瓜下垫砖或吊空，并要防止阳光暴晒。采瓜时要轻拿轻放，不要碰伤，谨防内瓤震动受伤导致腐烂。收瓜时最好是在连续数日晴天后的上午采收，阴雨天或雨后采收的瓜由于含水量高，不易贮藏。采收后宜在 24 ～ 27℃下放置 2 周，使果皮硬化。

二是贮藏关。贮藏的技术指标是：温度 10℃左右，空气相对湿度70% ～ 75%。方法有以下三种：

方法一：堆藏。选择阴凉、通风、干燥的仓库。先用高锰酸钾和甲醛熏蒸消毒，然后将选好的瓜进仓贮藏。进仓时应严格检查质量，剔除有病虫害、有病疤和过嫩、倒瓤的瓜。在搬运、装卸过程中必须轻搬、轻装、轻运、轻卸，切勿抛滚碰撞。也可在仓库内用木、竹或角铁搭成分层贮藏架，铺上草包，将瓜堆放在架上，或在板条箱内垫一层麦秆和草作容器，放入瓜后叠成一定的形式进行贮藏。

方法二：室内堆藏。地面要先铺一层草包或麦草，力求摆瓜整平。摆瓜的方式一般要和田间生长时期的状态基本一致，将瓜蒂朝里，瓜顶向外一个一个依次堆码成圆堆，每堆 15 ～ 25 个，高度以五六个瓜高，并适当留出过道以便检查。

装筐堆藏。每筐不得装得太满，离筐口应留有一个瓜的距离。瓜筐堆放可用"骑马式"，以三四个筐高为宜。贮藏期间不宜翻动，及时剔除病瓜。贮藏前期，外界气温较高，晚上要打开窗户通风换气，白天关闭遮阴，室内空气要新鲜干燥，保持凉爽。外界气温较低时，特别是严寒冬季，要关闭门窗防寒，保持 0℃以上温度。

方法三：窖藏。入窖时将瓜堆放在铺有细沙、麦秸或稻草的上面，堆瓜二三层，也可将瓜摆在菜架上。如果能使窖温控制在 7.2 ～ 10℃，可降低呼吸强度，减缓瓜内营养物质的损耗，延缓瓜的衰老过程，贮藏期可达三四个月。

第三节　南瓜常见病虫草害问题

84.南瓜病毒病要早防

问:南瓜叶片花花绿绿，果实凹凸不平，是什么原因，如何防治？

答： 这是花叶型南瓜病毒病（图 2-33），在叶片上出现黄绿相间的花叶斑驳，后期叶片成熟后会表现叶小、皱缩、边缘卷曲。果实上表现为深绿色与浅绿色相间的花斑（图 2-34），影响商品性。

图 2-33　南瓜病毒病病叶　　　　图 2-34　南瓜病毒病病果

　　一是若已发生病毒病，拔除中心病株或剪掉发病枝蔓，以防蔓延。二是要防蚜虫，可选用 70% 吡虫啉水分散粒剂 7000 倍液，或 25% 吡·辛乳油 1500 倍液、10% 烯啶虫胺水剂 2000 ~ 3000 倍液、15% 唑虫酰胺乳油 1000 ~ 1500 倍液等喷雾防治。三是喷药钝化病毒，可选用 20% 吗啉胍·乙铜可湿性粉剂 500 倍液，或 2% 宁南霉素水剂 200 ~ 400 倍液、4% 嘧肽霉素水剂 200 ~ 300 倍液、3.95% 三氮唑核苷·铜·烷醇·锌水剂 500 ~ 800 倍液、5% 菌毒清 400 倍液等喷雾。每 7 ~ 10 天 1 次，不同药剂交替使用。叶面喷施磷酸二氢钾 300 倍液，可增强植株抗病力。

85. 高温高湿南瓜易得果腐病

问： 南瓜地里有些花上有黑色的针头状霉，对南瓜有影响吗？

答： 肯定有影响，这是南瓜果腐病（图 2-35），又称褐腐病、花腐病等，为南瓜的一种常见病害，主要为害花和幼果。花受害时，病菌多从开败的花侵入，至花变褐腐烂，其上产生褐色绒霉。幼瓜受害，多从花蒂部侵入，由瓜尖端向全瓜蔓延，病瓜呈水渍状坏死、变褐，并迅速软腐（图 2-36）。病瓜表面产生灰白色至黑褐色绒毛状霉。一旦发病，病部产生的大量孢子借风雨进行多次再侵染，引起一批批花和果实发病，一直危害到生长季结束。在田间表现为积水的地方发病重，不积水的地方发病轻，但也有发生。

图2-35　南瓜果腐病花朵感病中期　　图2-36　南瓜果腐病花朵感病后期至果实变褐腐烂

化学防治，可选用 50% 嘧菌酯水分散粒剂 4000 ～ 6000 倍液或 25% 烯肟菌酯乳油 2000 ～ 3000 倍液、47% 春雷·王铜可湿性粉剂 700 倍液、72% 霜脲·锰锌可湿性粉剂 600 倍液、69% 烯酰·锰锌可湿性粉剂 700 倍液、25% 吡唑醚菌酯乳油 1000 ～ 3000 倍液、10% 苯醚甲环唑水分散粒剂 1500 ～ 2000 倍液等喷雾，视病情间隔 7 ～ 10 天喷一次。

86. 南瓜白粉病发生后要及时防治

问： 南瓜叶片上生了一层白色的粉末状物（图 2-37 ～图 2-40），是什么原因？

答： 这是南瓜白粉病，病原为瓜类单丝壳白粉病，分生孢子借气流雨水传播，发病迅速，在 6 ～ 7 月干旱年份发病较重。严重发生时，会导致植株早衰，影响南瓜的品质和产量，特别是会影响结秋瓜。

图2-37　南瓜白粉病叶片正面病斑　　图2-38　南瓜白粉病叶片正面褪绿发黄

图2-39　南瓜白粉病叶背面的病斑　　图2-40　南瓜白粉病田间发病状

　　因此，一旦发现，应及时采取措施防治，喷药应着重叶背面，可选用 50% 多菌灵可湿性粉剂 500 倍液或 15% 三唑酮可湿性粉剂 1500 倍液、25% 嘧菌酯悬浮剂 1000 ~ 2000 倍液、12.5% 烯唑醇可湿性粉剂 2000 倍液、40% 氟硅唑乳油 8000 倍液、30% 氟菌唑可湿性粉剂 1500 ~ 2000 倍液、10% 苯醚甲环唑水分散粒剂 1500 倍液、43% 戊唑醇悬浮剂 5000 倍液、25% 乙嘧酚悬浮剂 900 倍液、75% 百菌清可湿性粉剂 600 倍液、50% 甲基硫菌灵可湿性粉剂 1000 倍液等交替喷雾防治，每 7 ~ 10 天喷一次，连续 2 ~ 3 次。

87. 南瓜遇雨季谨防常发性病害蔓枯病为害植株

　　问：今年的南瓜没管理好，雨水太多了，许多南瓜叶片发了病（图 2-41、图 2-42），叶片提早枯死，产量不高，请问要如何加强管理？

　　答：这是南瓜蔓枯病，雨季最易发的常见病害，除了叶片发病外，藤蔓也易发生开裂（图 2-43），病重时萎蔫，致提前拉秧。最好是提

图2-41　南瓜蔓枯病叶圆形病斑　　图2-42　南瓜蔓枯病叶"V"形病斑

图2-43 南瓜蔓枯病病蔓

前预防。如与禾本科作物实行2～3年轮作。及时清除病残体，带出田外深埋或焚烧。注意整枝，摘除过密的叶蔓，改善通风透光条件。采用配方施肥，施足充分腐熟有机肥。由于降水是诱发本病的重要因素，应注意排水，雨后应喷药。

发病初期要及时选用药剂喷雾，可选用75%百菌清可湿性粉剂600倍液或50%甲基硫菌灵可湿性粉剂500～1000倍液、50%混杀硫悬浮剂500～600倍液、55%硅唑·多菌灵可湿性粉剂1000倍液、10%苯醚甲环唑水分散粒剂900倍液、25%咪鲜胺乳油1000倍液、560克/升嘧菌·百菌清悬浮剂700倍液、30%戊唑·多菌灵悬浮剂700～900倍液、56%氧化亚铜水分散微颗粒剂600～800倍液、47%春雷·王铜可湿性粉剂700倍液、50%多菌灵可湿性粉剂500倍液等喷雾防治，掌握在发病初期全田用药，隔3～4天后再防一次，以后视病情变化决定是否用药。

对于茎蔓发病的，也可采用药剂涂茎。可选用40%百菌清悬浮剂或50%甲硫悬浮剂50倍液、40%氟硅唑乳油100倍液等，用毛笔蘸药涂抹病部。

88. 高温高湿后暴晴要注意南瓜疫病易流行

问：200多亩南瓜，差不多有1/3出现了瓜上有一个大大的圆圈状病斑的情况，然后发生腐烂（图2-44），不知是什么病？

答：这是南瓜疫病，发病原因是前段时间雨水多，又遇到近几天的暴晴高温，导致大面积流行。

该病叶片发病，叶片上产生暗绿色水渍状圆形病斑，边缘不明显。也有从叶缘开始发病，向内扩展成圆形或不规则的大病斑，呈黄褐色湿腐状，空气潮湿时，病斑迅速扩展，叶片部分或大部分软腐、下垂，病部可见白霉（图2-45，典型症状）。干燥时呈灰褐色，易脆裂。

茎蔓染病，茎各部位可发生褐色软腐状不规则病斑，病部缢缩，呈水浸状，变细、变软，至病部以上枯死。成株期往往有几处节受害，俗称"节节烂"。蔓延迅速，湿度大时，病部也产生白色霉层。

果实被害，初呈暗色至暗绿色水浸状病斑，大小1厘米左右，潮湿时病斑凹陷，并长出一层稀疏的白色霉状物，菌丝层排列紧密，难于切取，经2～3天或几天后果实软化腐烂（图2-46），迅速向各方向扩展，在病部产生白色霉层，最终导致病瓜局部或全部腐烂。生产上果实底部虫伤处最易染病。影响商品价值。

图2-44　南瓜疫病田间发病状

图2-45　南瓜疫病叶内的病斑

图2-46
南瓜疫病病果软化腐烂状

该病在温度25～30℃，相对湿度高于85%时，发病重。大雨过后，田间积水不能及时排出易诱发此病。多雨季节发病重，大雨过后暴晴，气温急剧上升，病害最易流行。连作、排水不良、浇水过多、施用未腐熟栏肥、通风透光差的田块发病重。长江中下游地区以7～8月为发病盛期。

生产上要做好提前预防，雨季到来前用缓释剂1号或2号施于茎基部2厘米深处，覆土即可。或用缓释颗粒撒于植株周围，或用25%甲霜灵可湿性粉剂、72%霜脲·锰锌可湿性粉剂毒土500倍，每1000平方米用配好的毒土150千克，在雨季到来之前撒于植株根际周围。或用如下保护性杀菌剂或配方喷雾防治：25% 嘧菌酯悬浮剂 1000 ~ 2000 倍液、30% 醚菌酯悬浮剂 2500 ~ 3000 倍液、75% 百菌清可湿性粉剂 800 ~ 1000 倍液、50% 福美双可湿性粉剂 600 ~ 800 倍液、65% 福美锌可湿性粉剂 600 ~ 800 倍液、70% 丙森锌可湿性粉剂 600 倍液。

　　针对目前的情况，在摘除病叶的基础上，采取化学防治的方法控制未发生的病株，并加强田间管理，争取结秋瓜，尽量减少损失。可选用以下药剂中 2 ~ 3 种轮换喷雾使用，5 ~ 7 天一次，连喷 2 ~ 3 次。

　　25% 甲霜灵可湿性粉剂 600 倍液，或 72.2% 霜霉威水剂 600 ~ 800 倍液、58% 甲霜·锰锌可湿性粉剂 400 ~ 500 倍液、70% 乙膦·锰锌可湿性粉剂 350 倍液、64% 噁霜灵可湿性粉剂 500 倍液、47% 春雷·王铜可湿性粉剂 600 ~ 800 倍液、72% 霜脲·锰锌可湿性粉剂 800 ~ 1000 倍液、687.5 克 / 升氟菌·霜霉威悬浮剂 1000 ~ 1500 倍液、60% 氟吗·锰锌可湿性粉剂 1000 ~ 1500 倍液、440 克 / 升双炔·百菌清悬浮剂 600 ~ 1000 倍液、84.51% 霜霉威·乙膦酸盐可溶性水剂 1000 倍液 +70% 代森联水分散粒剂 800 倍液、66.8% 丙森·异丙可湿性粉剂 1000 倍液 +75% 百菌清可湿性粉剂 600 倍液、10% 氰霜唑悬浮剂 2000 ~ 2500 倍液 +75% 百菌清可湿性粉剂 600 倍液等喷雾防治。控制病害蔓延。

　　对 72% 霜脲·锰锌、58% 甲霜·锰锌产生抗药性的地区，可改用 69% 烯酰·锰锌可湿性粉剂或水分散粒剂 1000 倍液喷雾防治。

89. 高温高湿天气谨防南瓜绵疫病致全果腐烂

　　问： 我种的几亩南瓜结了不少，但这段时间连续遇阴雨天，地里湿度大，许多南瓜果实上长了茂密的白霉（图 2-47），果实腐烂了，越是低洼积水的地方越厉害，请问怎么办？

　　答： 这是南瓜绵腐病，在每年的 7 ~ 8 月，往往气温偏高、雨水多，容易发生南瓜绵疫病。首先为害果实时，在近地面处现水渍状黄褐色病斑，

图 2-47　南瓜绵疫病病果

后病部凹陷，其上密生白色棉絮状霉层，后病部或全果腐烂。

在生产上，要做好清沟沥水，做到雨住田干。发现病瓜时及时摘除。发病初期，或选用58%甲霜·锰锌水分散粒剂500倍液，或50%氟吗·锰锌可湿性粉剂500倍液、69%锰锌·烯酰可湿性粉剂700倍液等喷雾，每隔6～9天一次，连续防治2～3次。

田间发现中心病株后，应采用喷洒与浇灌并举。可选用50%甲霜铜可湿性粉剂800倍液，或70%乙膦·锰锌可湿性粉剂500倍液、687.5克/升氟菌·霜霉威悬浮剂1500～2000倍液、72.2%霜霉威水剂600～800倍液、58%甲霜·锰锌可湿性粉剂400～500倍液、250克/升双炔菌酰胺悬浮剂1500～2000倍液、47%春雷·王铜可湿性粉剂600～800倍液、60%唑醚·代森联水分散粒剂1000～2000倍液、52.5%噁酮·霜脲氰水分散粒剂1000～2000倍液、72%霜脲·锰锌可湿性粉剂800～1000倍液等。此外，于夏季高温雨季浇水前每亩撒96%以上的硫酸铜3千克，后浇水，防效明显。

90. 南瓜开花坐果后注意防止枯萎病烂瓜

问： 我的南瓜许多出现裂瓜和烂瓜现象（图2-48、图2-49），种了许多年，这是头一次出现这种情况，是不是种子原因呢？

图2-48　田间分拣出的以南瓜枯萎病　图2-49　南瓜枯萎病病瓜
为主病瓜

答： 经田间调查，这是南瓜枯萎病，果实裂瓜恰恰说明肥水没有到位，裂瓜造成的伤口，加剧了枯萎病的发生发展，由于这块南瓜地是连作，故今年发生重，但不代表以前没有发病，有可能发病轻，没有引起足够的重视。南瓜枯萎病一般以开花坐果期和果实膨大期为发病高峰。在田间的典型症状是萎蔫，一般是被害株最初表现为部分叶片或植株的一侧叶片中午萎蔫下垂，似缺水状，但萎蔫叶早晚恢复，后萎蔫叶片不断增多，逐渐遍及全株，致整株枯死。要注意与缺水性萎蔫相区别。果实发病，多从伤口处先发病，后渐向瓜心蔓延，病果肉初为黄色，后变为紫红色，瓜腔染病后，迅速腐烂，在高温干旱条件下，病情扩展缓慢，后形成污褐色坚硬的疤痕（图2-50）。

图2-50　南瓜枯萎病病瓜上的疤痕

对于发现有枯萎病的，应采取轮作措施，实行3年以上轮作，可有效地控制枯萎病的发生。田间管理上要避免大水漫灌，适当多中耕，提高土壤透气性，使根系茁壮，增强抗病力，结瓜期分期施肥，切忌用未腐熟的人粪尿追肥。

对发生严重的地块，最好进行土壤处理杀菌。每亩用95%棉隆粉剂10千克，先把药与150千克半干细土充分混拌均匀，分两次撒于地表，每次用犁耕翻13～18厘米深，共翻3次，使药土充分混匀，掌握在7厘米深土壤湿度为23%、30厘米土层日均地温23～27℃时，用塑料膜覆盖地表12天进行熏蒸灭菌，南瓜于施药后1个月定植或直播。也可每亩用50%多菌灵可湿性粉剂4千克混入细干土，拌匀后施于定植穴内。

田间防治应掌握在发病前或发病初期，选用10%氯氟吡氧乙酸水剂300倍液或10%双效灵200倍液、60%多菌灵盐酸盐可湿性粉剂500～600倍液、10%水杨·多菌灵水剂300倍液、50%甲基硫菌灵可湿性粉剂500倍液、60%琥·乙膦铝可湿性粉剂300倍液、70%敌磺钠可湿性粉剂1000倍液、60%百菌清可湿性粉剂400～500倍液、20%甲基立枯磷乳油1000倍液等药剂灌根，每株灌兑好的药剂

0.3 ～ 0.5升，或12.5% 增效多菌灵浓可溶剂200 ～ 300倍液，每株100毫升，隔10天后再灌一次，连续防治2 ～ 3次。

91.南瓜生长期谨防常发性病害黑星病

问： 南瓜叶片上有许多的破洞（图2-51），不知是被什么虫子咬的？

答： 这个南瓜烂叶片表现为星状多边形孔，孔的边缘有黄晕，这个不是什么虫子咬的，而是南瓜黑星病的典型症状。早期发病严重时，可致生长点烂掉，形成秃桩。后期果实染病，溢出琥珀色至灰褐色胶状物（图2-52），形成畸形瓜等，一般在湿度大，夜温低时，可加重病害扩展。该病在南瓜生产上经常发生，因此，应注意早防早治。

图2-51　南瓜黑星病病叶　　　　图2-52　南瓜黑星病病瓜

育苗时，建设苗床土每平方米用50% 多菌灵可湿性粉剂8克处理土壤后播种。发病初期，可选用50% 杀菌王水溶性粉剂1000倍液或15% 亚胺唑可湿性粉剂2200倍液、36% 甲基硫菌灵悬浮剂500倍液、80% 敌菌丹可湿性粉剂500倍液、80% 代森锰锌可湿性粉剂500 ～ 600倍液、30% 氟菌唑可湿性粉剂1500 ～ 2000倍液、40%氟硅唑乳油8000 ～ 10000倍液、12.5% 腈菌唑乳油2000倍液、20% 腈菌唑·福美双可湿性粉剂100 ～ 125克/亩等喷雾防治，7 ～ 10天一次，连防3 ～ 4次。有些地区的黑星病对多菌灵产生了抗药性，可选用40% 氟硅唑乳油3000 ～ 3500倍液代替使用。

或选用配方药：50% 多菌灵可湿性粉剂800倍液 +70% 代森锰锌可湿性粉剂800倍液、2% 武夷菌素水剂150倍液 +50% 多菌灵可湿性粉剂600倍液等喷雾防治。

92.大棚栽培南瓜苗期谨防灰霉病

问： 早南瓜叶片上长了一层霉（图2-53、图2-54），发展特别快，几天之内大棚里的南瓜叶片大多感病，请问用什么药？

图2-53　大棚南瓜湿度大温度低易　　图2-54　南瓜灰霉病病叶
发灰霉病

答： 这是南瓜灰霉病，在大棚南瓜遇到连阴多雨、气温低，加上大棚内密闭通风透光不良时，易传播流行。一旦发现，应尽早进行预防。

设施内注意通风排湿，使空气湿度在85%以下，温度控制在白天26～30℃，以减少病害发生。采用高畦地膜覆盖栽培，暗灌水，有条件的可采用滴灌，不漫灌浇水，防止田间湿度过大，及时清洁棚面尘土，增强光照强度，合理密植，防止徒长，也可推广宽行种植技术，生长前期适当控制浇水，多中耕，提高地温，降低湿度，防止徒长，提高植株抗性。及时摘去化瓜、病叶、黄叶及雄花，使田间通风透光好，降低田间湿度。采收结束后彻底清除病残体并带出棚外深埋或烧掉。重病地块农闲时可深翻。

发病初期，可用10%腐霉利烟剂熏蒸，每亩每次用药200～250克；或45%百菌清烟剂，每亩每次250克，熏3～4小时。或于傍晚用10%杀霉灵粉尘剂喷洒，每亩每次1000克，8～10天一次，连续2～3次。也可选用50%多菌灵可湿性粉剂500倍液或50%异菌脲可湿性粉剂1500倍液、50%腐霉利可湿性粉剂2000倍液、70%百菌清可湿性粉剂600倍液等药剂喷雾防治，每7～10天喷一次，不同药剂交叉使用，连喷2～3次。

93.南瓜生长中后期谨防炭疽病为害瓜果

问： 南瓜上面有许多的粉红色或黑色的圆形斑（图2-55）是怎么回事？

答： 南瓜果实上的这种圆形斑是炭疽病病原，发生严重时，可导致果实收缩腐烂，应提前做好预防。该病主要发生在植株开始衰老的中后期，叶（图2-56）、茎、果实均可受害，主要为害接近成熟或已成熟果实，如果防治不及时，2～3天后病害明显加重。

图2-55　南瓜炭疽病病瓜　　　　图2-56　南瓜炭疽病病叶

南瓜生产上，最好采用高畦地膜覆盖栽培。合理灌水，雨后应及时排水，放风排湿。用无病土育苗。初见病株应及时拔除。收获后清除病残体，随之深翻土地。

发病初期，可选用80%炭疽福美可湿性粉剂800倍液或25%炭特灵可湿性粉剂500倍液、70%甲基硫菌灵可湿性粉剂800倍液、50%混杀硫悬浮剂500倍液、75%肟菌·戊唑醇水分散粒剂3000倍液、30%戊唑·多菌灵悬浮剂800倍液、66.8%丙森·异丙菌胺可湿性粉剂600～800倍液、80%福·福锌可湿性粉剂700～1000倍液、25%嘧菌酯悬浮剂1000～2000倍液、20%唑菌胺酯水分散粒剂1000～1500倍液、20%苯醚·咪鲜胺微乳剂2500～3500倍液、2%嘧啶核苷类抗菌素水剂或2%武夷菌素水剂200倍液等交替喷雾，7～10天一次，连续2～3次。

也可选用如下配方药：25%咪鲜胺乳油800～1000倍液+75%百菌清可湿性粉剂600～800倍液、32.5%苯甲嘧菌酯悬浮剂1500倍液+27.12%碱式硫酸铜悬浮剂500倍液、40%双胍辛烷苯基磺酸盐可湿性粉剂 700 ~ 1000 倍液 +50% 克菌丹可湿性粉剂 600 倍液、5% 亚胺唑可湿性粉剂 1000 倍液 +75% 百菌清可湿性粉剂 600 倍液、40% 腈菌唑水分散粒剂 4000 ~ 6000 倍液 +7% 代森锰锌可湿性粉剂 800 倍液等喷雾防治。

　　保护地内可采用烟雾剂或粉尘剂进行防治，发病初期，用 45% 百菌清烟剂，每亩用药 250 克，隔 10 天左右熏一次，连续或与其他防治方法交替使用。也可于傍晚喷洒 8% 克炭灵粉尘剂或 5% 百菌清粉尘剂，每亩用药 1 千克。

94. 七八月雨季谨防南瓜瓜链格孢叶斑病为害叶片

问： 我种的南瓜刚刚开始结瓜，叶片上面有大量的黑斑点，叶片枯焦（图 2-57、图 2-58），不知会不会全部死亡？

图 2-57　南瓜链格孢叶斑病发病株　　图 2-58　南瓜链格孢叶斑病病叶

答： 从图片看，这应是南瓜瓜链格孢叶斑病，在每年 7 ~ 8 月瓜类因该病导致叶片的焦枯和死亡，在叶片上的表现为产生褐色小点，逐渐扩大后成深绿色近圆形斑，边缘水渍状，稍隆起，病斑上有轮纹，若不及时防治，后期常造成叶片焦枯、死亡、脱落。

　　防治该病要采取农业、化学等综合措施，创造有利于南瓜生长发育、不利于病菌的生态条件，改变播种期，避过发病季节可减少发病。增施腐熟有机肥或生物复合肥，或在发病初期冲施 20-20-20 平衡型水溶肥 500 ~ 800 倍液，可提高抗病力。发病之前及时喷施 10% 苯醚甲环唑水分散粒剂或微乳剂 900 倍液、25% 嘧菌酯悬浮剂 1000 倍液、50% 异菌脲悬浮剂 1000 倍液、50% 咯菌腈可湿性粉剂 5000 倍液，隔 7 ~ 10 天一次，连续防治 3 次。

95.高温干旱谨防红蜘蛛为害南瓜叶片

问： 南瓜叶片上有许多的黄点（图2-59），有些叶片黄枯坏死了（图2-60、图2-61），对黄瓜的影响不大吧？

图2-59　红蜘蛛为害南瓜叶片田间表现

图2-60　红蜘蛛为害南瓜叶片正面表现为褪绿

图2-61
红蜘蛛为害南瓜叶片背面

答： 这是红蜘蛛为害叶片，吸食南瓜叶片后导致的失绿，后期就变黄枯坏死了，严重时像火烧了一样，红蜘蛛成虫是肉眼可见的，一般在南瓜叶片的背面吸食南瓜叶肉。高温干旱时容易发生。

及时进行检查，当点片发生时即进行挑治。生物药剂防治，可选用0.5%藜芦碱醇溶液800倍液或0.3%印楝素乳油1000倍液、1%苦参碱6号可溶性液剂1200倍液等喷雾防治。

化学药剂防治，可选用5%氟虫脲乳油1000～2000倍液或50%丁醚脲悬浮剂1000～1500倍液、20%四螨嗪悬浮剂2000～2500倍液、100克/升虫螨腈悬浮剂600～800倍液、73%炔螨特乳油2000～2500倍液、15%哒螨灵乳油1500～2000倍液、1%阿维菌素乳油2500～3000倍液、15%辛·阿维菌素乳油1000～1200倍液、3.3% 阿维·联苯乳油 1000 ~ 1500 倍液、10% 浏阳霉素乳油 1000 ~ 1500 倍液、5% 噻螨酮乳油 1500 ~ 2500 倍液等、20% 甲氰菊酯乳油 2000 倍液、5% 唑螨酯悬浮剂 2000 ~ 3000 倍液、2.5% 氯氟氰菊酯乳油 4000 倍液、2.5% 联苯菊酯乳油 3000 倍液、10% 吡虫啉可湿性粉剂 1500 倍液、240 克 / 升螺螨酯悬浮剂 4000 倍液、3% 甲维盐乳油 5500 倍液等喷雾防治，7 ~ 10 天喷一次，共喷 2 ~ 3 次，但要确保在采收前半个月使用。

初期发现中心虫株时要重点防治，重点喷洒植株上部嫩叶背面、嫩茎、花器、生长点及幼果等部位，并需经常更换农药品种，以防抗药性产生。

第三章 苦瓜栽培关键问题解析

第一节 苦瓜品种与育苗关键问题

96.苦瓜品种选择要综合考虑

问: 我今年准备种点春苦瓜,请问什么品种好些?

答: 关于苦瓜品种的问题,一要根据不同的栽培方式选用适宜的品种。如大棚春提早促成栽培,宜选分枝力强、早熟、丰产、前期耐寒性强、后期抗热性好且适合当地消费习惯的品种。如有的地方喜欢白皮苦瓜(图 3-1),有的喜欢绿皮苦瓜等。二要根据所生产的产品的销售地进行选种,如产品要销往我国港澳地区,则以苦味淡的油苦瓜类型(图 3-2)为主,若是本地销售,则以当地主栽品种或地方种为主。

图 3-1 汉白玉等白苦瓜品种

图3-2　油苦瓜大棚栽培

97.苦瓜浸种催芽方法有多种

问：苦瓜的种皮很厚（图3-3），很难生芽，请问采取什么方法最好？

答：苦瓜的种子表皮厚而坚硬，如果直接将种子播到大田，水分不易渗透入内，发芽缓慢，幼苗出土参差不齐，缺苗率比较高，因此，播种前应进行浸种催芽。

一是浸种处理。方法一，温汤浸种。将种子浸入 55～60℃的温水中，边浸边搅动，并随时补充温水，保持55℃水温10分钟后，再倒入少许冷水使水温降至25～30℃，继续浸种8～12小时。浸种前应将胚端的种壳磕开，以加速吸水。

方法二，热水烫种。取充分干燥的种子装在容器中，用冷水浸没种子，再用80℃左右的热水边倒边顺着一个方向搅动，使水温达到70～75℃，保持2分钟，再倒入一些冷水，待水温降至30℃时，继续浸种8～12小时。

二是催芽。常采用恒温催芽法和变温催芽法。恒温催芽法，即将浸过的种子捞起，稍晾一下即可用多层潮湿的纱布或毛巾等包起，放入 28～33℃的恒温箱中催芽。如果没有恒温箱，也可把种子放入一个瓦缸或铁桶内，上挂一只40～60瓦的电灯，日夜加温，缸口要加盖，保持恒温。置一温度计于瓦缸或铁桶内，使温度保持在28～33℃，每天早晚检查，如缸内温度低则增加灯泡，如果温度偏高就改用低瓦数灯泡。种子干燥时应喷水，使种子保持湿润。一般经30小时即开始发芽，2～3天可发芽完全。催芽过程中要每天勤检查，把已发芽的种子挑选出来（图3-4），进行播种。如果未发芽的种子表面已长出霉菌，则应及时用清水洗净后再催芽，直至出芽完全为止。

图3-3　苦瓜种子

图3-4　催好芽的苦瓜种子

变温催芽法。用袋装变温催芽法，可使种子出芽加快，发芽率及芽势提高。先将处理好的种子晾一下，装入小纱布袋中，然后放入备好的塑料袋中，把袋口扎好密封，再将塑料袋放置在相应的热源处，在33～35℃处理10～12小时，或在28～30℃下处理12～14小时，期间结合调温，松开袋口换气一次即可。

低温或变温处理。为增强发芽种子和幼苗的抗寒性，可将浸种后刚刚开始萌动但尚未出芽的种子连同布包或容器先放在8～10℃的环境下12小时，再放到20～25℃下12小时，在这样的高低温环境下交替放置3～5天。经低温或变温处理的种子，发芽粗壮，幼苗抗寒力增强，并能促进早熟和提高早期产量。另外，催好芽的种子，如果因天气等原因不能立即播种时，可放在15℃的低温条件下抑制芽的伸长，等待播种。

98. 苦瓜营养钵育苗要把好"三关"

问： 我的苦瓜年年采用的是营养钵育苗，可有时育得还可以，有时育得差（图3-5、图3-6），请问有何关键技术？

图3-5 苦瓜营养钵育苗幼苗期　　图3-6 苦瓜营养钵壮苗

答： 苦瓜采用营养钵育苗，技术已经很成熟了，关键是把好"三关"。

一是营养土配制关。

（1）播种床　肥园土6份，充分腐熟的骡马粪、圈肥或堆肥4份。

（2）分苗床　肥园土7份，腐熟的骡马粪或圈堆肥3份。

上述每立方米主料里加腐熟的大粪干或鸡禽粪20千克左右，过磷酸钙0.5～1千克，草木灰5～10千克。也可用氮磷钾复合肥0.5～1千克代替草木灰和过磷酸钙。所用的原料都要充分捣碎、捣细、过筛，然后充分混匀。必要时，在搅拌混合的同时，喷入杀菌和杀虫的农药进行消毒。或用150～300倍甲醛浇在营养土上，混拌均匀，然后用塑料薄膜覆盖5～7天，揭膜后即可装营养杯待用，该消毒法主要用于防治猝倒病及菌核病。

配制好的营养土，有的是直接铺到苗床里，有的需要装营养钵、筒或袋。直接铺床的，播种床一般铺营养土厚8～10厘米，每平方米苗床约需100千克。分苗床或一次播种育成苗床，床土厚要达到12厘米左右，每平方米苗床约需营养土120千克。营养土里不应掺入菜地土，未经腐熟的粪肥、饼肥，以及带氯根的化肥、碳酸氢铵、尿素等。为了增加床土的疏松通透性，也可掺入过筛的炉渣。将培养食用菌后废弃的培养料，经过夏季高温发酵后用来配制营养土，效果更好。

二是播种关。

（1）做床　在棚室里做畦，畦宽1.0～1.5米，装入配制好的床土10厘米。床土应充分曝晒，以提高土温，防止苗期病害。播种前耧平，稍加镇压，再用刮板刮平。

（2）浇底水　床面整平后浇底水，一定要浇透，以湿透床土10厘米为宜。浇足底水的目的是保证出苗前不缺水，否则会影响正常出苗。在浇水过程中如果发现床面有不平处，应用预备床土填平。浇完水后在床面上撒一层床土或药土。

（3）播种　苦瓜、丝瓜采用点播，在浇底水后按方形营养面积纵横画线，把种子点播到纵横线的各个交叉点上。播种时要把种子平放于畦面上，千万不要立即播种子，防止出苗"带帽"。

（4）覆土　播种后多用床土覆盖种子，而且要立即覆盖，防止晒干芽子和底水过多蒸发。盖土厚度一般为种子厚度的 3～5 倍，苦瓜覆盖土厚度约1.5厘米。如果盖土过薄，床土易干，种皮易粘连，易出现"带帽"（图3-7）。盖土过厚，出苗延迟甚至造成种子窒息死亡。若盖药土，宜先撒药土，后盖床土。

图3-7　苦瓜带帽苗

（5）盖膜　盖土后应当立即用地膜覆盖床面，保温保湿，拱土时及时撤掉薄膜，防止菜苗徒长和阳光灼苗。

三是管理关。

（1）温度管理　从种子萌动到第一片真叶显露为发芽期，主要是保证幼苗出土所需的较高的温湿度。白天温度在 30～35℃，夜间 20～22℃，3～4 天幼苗出土时，及时去除覆盖的薄膜。子叶平展后，应及时降温，白天 25～30℃，夜间15℃，以防止幼苗徒长。幼苗期白天温度控制在 25～28℃，夜间13～15℃，地温保持在15℃以上。定植前 5～7 天，逐渐加强通风，进行炼苗。夏、秋季育苗，苗期温度管理的关键是遮阴、降温和防蚜虫，以防止发生病毒病。

（2）水肥管理　苗床缺水要及时补充，严冬季节最好使用在温室里经过预热的温水。浇水一方面不要过量，同时要避免地皮湿、地下干（特别是用营养钵或袋育苗的）的假象出现。床土按要求配制时，育苗期一般不需要进行土壤追肥。但为克服低温寡照带来的营养不良，一般多采取叶面喷肥加激素的方法，补充营养，刺激生长。

99. 苦瓜穴盘育苗应加强管理

问： 今年早春苦瓜采用穴盘育苗（图3-8）已育了一批了，但没把握好技术要点，成苗率不高，请问应如何搞好苗期管理？

图3-8　苦瓜穴盘育苗

答： 苦瓜穴苗育苗是目前蔬菜合作社采用的主要技术，其穴盘选择、基质配制、装盘压穴等处理技术同其他瓜类蔬菜。其苗期管理要点如下。

一是温度管理。播种到开始出苗，应控制较高的床温，一般为25～30℃，约2天开始出苗。此期苗床温度最低为12.7℃，最高为40℃。

从出苗到第一片真叶显露，要及时降温，一般白天20～22℃，夜间12～15℃，避免温度高，尤其是夜间温度偏高，成为"长脖苗"。

从破心到定植前7～10天，温度要适宜，白天可保持在20～25℃，夜间在13～15℃。

定植前7～10天，应进行低温锻炼，一般白天15～20℃，夜间10～12℃。

由于不同季节外界环境条件的限制，苦瓜育苗不可能都达到最适温度，但应当采取各种有效措施，使苗床温度不要超出苦瓜所能承受的极限温度。冬季育苗可采用铺地热线、日光温室内加盖小拱棚等，使苗床的夜温不低于10℃，短时间不低于8℃。夏季采用盖遮阳网，使苗床最高气温控制在35℃以内，短时间不超过40℃。

二是光照管理。早熟栽培为增加光照，要经常保持覆盖物的清洁，草苫要早揭晚盖，日照时数控制在8小时左右，在要求满足温度的条件下，最好在早晨8时左右揭开草苫，下午5时左右盖上草苫。阴天也要正常揭盖草苫，以尽量增加光照的时间。如果连续阴雨天不揭开草苫，幼苗体内的养分只是消耗而没有光合产物的积累，会使幼苗发生黄化徒长，甚至死亡。

三是水分管理。苗期要保持基质的湿度，穴孔内基质相对含水量一般为 60% ~ 100%，不宜低于 60%，更不要等到秧苗萎蔫再浇水。阴天和傍晚不宜浇水。

秧苗生长初期，基质不宜过湿，秧苗子叶展平前尽量少浇水，子叶展平后供水量宜少，晴天每天浇水、少量浇水和中量浇水交替进行，保持基质见干见湿；秧苗 2 叶 1 心后，中量浇水与大量浇水交替进行，需水量大时可以每天浇透。出圃前的 3 天，适当减少浇水。高温季节浇水量加大甚至每天浇 2 次水，低温季节浇水量要减小。灌溉用水的温度为 20℃左右，低温季节水温低时应当先加温再浇。每次浇水前应先将管道内温度过高或过低的水排放干净。

四是施肥管理。如果配制基质时已施入充足的肥料，整个苗期可不用再施肥。如果发现幼苗叶片颜色变淡，出现缺肥症状时，可喷施少量磷酸二氢钾，使用倍数为 500 倍液。在育苗过程中，切忌苗期过量追施氮肥。

100. 苦瓜插接法嫁接育苗操作方便省工省力

问：苦瓜可不可以像西瓜那样采用插接法进行嫁接栽培？

答：当然可以。苦瓜通过嫁接（图 3-9 ~ 图 3-11），可以达到防止枯萎病、根结线虫病等土传病害，增强耐低温能力、强化生长势的目的，实现早熟、高产、稳产。目前已在生产上逐步开展。其砧木可选用双依、宜春肉丝瓜等丝瓜砧木品种，或黑籽南瓜、共荣等南瓜砧木品种。

图 3-9　苦瓜穴盘苗苗期

图 3-10　苦瓜嫁接苗（丝瓜砧木）单盘

图3-11 苦瓜嫁接苗单株

插接法（图3-12）砧木苗无需取出，减少嫁接苗栽植和嫁接夹使用等工序，也不用断茎去根，嫁接速度快，操作方便，省工省力。嫁接部位紧靠子叶节，细胞分裂旺盛，维管束集中，愈合速度快，接口牢固，砧穗不易脱裂折断，成活率高。接口位置高，不易再度污染和感染，防病效果好。但插接对嫁接操作熟练程度、嫁接苗龄、成活期管理水平要求严格，技术不熟练时嫁接成活率低，后期生长不良。其技术要点如下。

砧木丝和接穗苦瓜均为子叶苗。砧木丝瓜提前采用营养钵育苗，2～3天播种。当丝瓜出于真叶，接穗到1叶1心时进行嫁接。

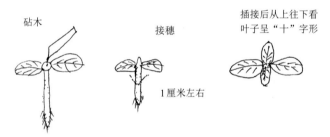

图3-12 苦瓜插接法示意图

嫁接时首先喷湿接穗、砧木苗钵（盘）内基质，取出接穗苗，用水洗净根部放入白瓷盘，湿布覆盖保湿。砧木苗无需挖出，直接摆放在操作台上，用竹签剔除其真叶和生长点。去除真叶和生长点要求干净彻底，减少再次萌发，并注意不要损伤子叶。左手轻捏砧木苗子叶节，右手持一根宽度与接穗下胚轴粗细相近、前端削尖略扁的光滑竹签，紧贴砧木一片子叶基部内侧向另一片子叶下方斜插，0.5～0.8厘米深时出现，竹签尖端在子叶节下0.3～0.5厘米出现，但不要穿破胚轴表皮，以手指能感觉到其尖端压力为度。插孔时要避开砧木胚轴的中心空腔，插入迅速准确，竹签暂不拔出。然后用左手拇指和无名指将接穗两片子叶合拢捏住，食指和中指夹住其根部，右手持刀片在子叶节以下0.5厘米处呈30°向前斜切，切口长度0.5～0.8厘米，接着从背面再切一刀，角度小于前者，以划破胚轴表皮、切除根部为目的，使下胚轴呈不对称楔形。切削接穗时速度要快，刀口要平、直，并且切口方向与子叶伸展方向平行。拔出砧木上的竹签，将削好的接穗插入砧木小孔中，使两者密接。砧穗子叶伸展方向与接穗子叶方向呈"十"字形。接入接穗后用手稍晃动，以感觉比较紧实、不晃动为宜。

101. 秋延后大棚苦瓜要适时播种

问： 听广州蔬菜销售人员说这种长白苦瓜（图3-13）在当地蛮抢手，想回来种10亩。准备现在播种（9月上旬），大棚种植，在湖南江永能行吗？

答： 采用大棚进行秋延后苦瓜栽培，在湖南江永地区9月上旬这个时间才播种，已经是太迟了。虽然这个时候气候条件适宜，但若移栽定植，估计要到9月底甚至10月上旬了，后期开花坐果后，温度就开始下降了，没有产量的，因此应在降温前就达理想的产量，而苦瓜的全生育期一般90天左右，据此推算，在南方，秋延后大棚苦瓜一般应在7月中下旬播种。

图3-13　秋延后苦瓜要适期播种

苦瓜栽培管理关键问题

102. 苦瓜定植前应提前做好翻耕整土施肥作畦等工作，做到土等苗

问： 目前苦瓜在进行翻耕整土，准备分期分批种植，请问在大棚早春定植方面有哪些好的建议？

答： 苦瓜苗子（图3-14）估计播种不久，离定植时间还早。提早进行翻耕整土施肥，做到土等苗，是非常明智的做法，特别是对于单品种植面积较大的。长期未施生石灰的，应在施基肥前半月每亩施生石灰 75 ~ 100 千克进行土壤改良。定植前，应注意多施有机肥，一般每亩铺施腐熟有机肥 3000 ~ 4000 千克（或商品有机肥 400 ~ 500 千克）、过磷酸钙 50 ~ 75 千克、硫酸钾 50 千克。宜深沟高畦，作畦宽 1.5 米包沟，畦高 20 ~ 30 厘米，提前 10 天浇好底水，盖好地膜，闭棚升温待定植。

图3-14　苦瓜大棚栽培应看苗
定植前提前准备

把滴灌管铺在土面上后再覆膜，进行水肥一体化施肥。一般苗龄 30 天左右，3 叶 1 心至 4 叶 1 心时就可定植，也可定植 5 叶 1 心的营养钵大苗，可根据中长期天气预报，选冷尾暖头的天气适时定植。定植前一周应对苦瓜苗进行炼苗。每畦双行，株距 45 厘米，每亩栽 1800 ~ 2000 株。定植应选晴朗无风天气进行。用小铲划破地膜挖定植孔，栽苗时，使子叶平露地面，栽后用细土盖好定植穴。及时浇足定根水，促缓苗。然后盖严大棚膜。

103. 防止大棚早春苦瓜僵苗死棵要加强温光湿等的管理

问： 我的大棚早春苦瓜总是不长，而且有的已经死苗缺窝了，有何解决办法？

答： 这个大棚苦瓜已出现僵苗死棵了，主要是温度、光照和湿度管理未到位。

温度：开花、结果期适宜温度 20 ~ 30℃，以 25℃左右为宜。在 15 ~ 25℃范围内，温度越高，越有利于苦瓜的生育。

光照：喜光不耐阴，苗期光照不足可降低对低温的抵抗能力，故春播苦瓜遇低温阴雨，幼苗常被冻坏。

开花结果期需要较强的光照，其光饱和点在 5.5 万 ~ 6 万勒克斯，光补偿点在 4000 勒克斯。光照不足常引起落花落果。

湿度：喜湿而不耐涝。苗期需水较少，水分过多往往引起徒长，植株瘦弱，抗性降低。进入开花结果期，随着植株茎蔓的快速抽伸，果实迅速膨大，需要的水分供应也越来越大，此时应注意保证水分供应。

把这一组数据与辣椒、茄子对比，很容易发现：苦瓜对温度和光照的要求都要比辣椒、茄子等茄果类蔬菜高。也正因为如此，大棚早春苦瓜和露地苦瓜的定植时间，都要比辣椒、茄子迟。

若大棚苦瓜定植时天气不好，加上定植后浇定根水过多，将导致棚内湿度大，长期温度低，形成僵苗不长，若中间再遇倒春寒，老叶冷害现象将很严重。

这其中有一个钢架大棚，棚里长期积水（图 3-15），湿度过大，棚膜较脏，光照低，棚门等四处破损，不保温，所以僵苗、冷害、死棵现象特别严重（图 3-16）。

图3-15　钢架大棚内积水的苦瓜易僵苗不长

图3-16　钢架大棚湿害加冷害加弱光致苦瓜僵苗不长死棵

针对苦瓜对温、光、湿的要求较高，一是建议大棚四周的围沟要疏通挖深，做到大雨天，棚外的雨水不倒灌进棚内，棚内要干爽；二是对棚膜进行清洁；三是搞好大棚膜的修补，包括棚顶、裙膜、大棚门等；四是一定要待土壤干燥后，再用含腐植酸肥料或海藻酸肥料、甲壳素肥料等生根类肥料浇施，连施 3 次以上，每次间隔 1 周，促进生根。

若土壤太湿，用生根类肥料浇施会造成水分过多沤根。像苦瓜这种对温光湿要求较高的蔬菜作物，早春采用大棚进行促早栽培，最好应选用新的大棚膜，否则不能达到促早的效果。若棚膜使用时间过长，而且很脏，进行大棚早春栽培的效果甚至不如露地。

104. 大棚早春栽培苦瓜要搞好田间的水肥管理

问： 苦瓜长起来后，我准备采用水肥一体化技术进行浇水追肥，请问有好的配方吗？

答： 苦瓜的常规水肥管理（图3-17），一般是结合浇水追施浓度10%左右的腐熟人畜粪尿提苗。接着施0.3%～0.5%的速效性液肥，促进抽蔓，搭架前再追肥一次。

图3-17　早春大棚栽培苦瓜后应及时加强水肥管理

搭架后，第一批雌花开放时，追施浓度20%左右的腐熟人畜粪尿一次。

初花期至结果期喷0.5%的稀土微肥1～2次。

第一批果实采收后，在畦中央开沟，亩施花生麸25千克，复合肥20千克。

进入盛果期，继续追施浓度30%左右的腐熟人畜粪尿，7～10天追一次。

入秋以后，结合灌水，每次每亩抽沟条施过磷酸钙20～25千克、氯化钾10千克。

综上所述，苦瓜要经常浇施肥水，否则后劲不足，果实会畸形，失去商品性。

若采用水肥一体化技术，以下方案可供参考：

生长期，每5天施含腐植酸大量元素水溶肥1000倍液，共3次，每5天施15-15-15复合肥，每亩每次施4千克，共3次，间隔轮换。

即先施含腐植酸大量元素水溶肥，5天后，施复合肥，5天后，又施水溶肥……

结果期，每5天施含腐植酸大量元素水溶肥500倍液，共6次，每5天施15-15-15复合肥，每亩每次施5千克，共6次，间隔轮换。

105.大棚苦瓜要及时搭架、整枝和绑蔓

问： 苦瓜搭架后，需不需要进行整枝绑蔓？

答： 大棚苦瓜蔓子有40～50厘米长了（图3-18、图3-19），早该及时搭架引蔓绑蔓了。

图3-18　大棚内待绑蔓的苦瓜苗　　图3-19　大棚内的苦瓜架

苦瓜搭架后，一定要及时整枝绑蔓，否则让蔓在地下爬，结出来的果实贴地面不见光为白色，见光的为绿白色，颜色不均，影响商品性，且易感染土壤里的病原菌。

一般宜在上午9时以后引蔓，可用绑蔓枪绑蔓（图3-20、图3-21），蔓长30厘米绑一道蔓，以后每隔4～5节绑一道。每次绑蔓时要使各植株的生长点朝向同一方向。绑蔓应在上午9时以后进行。

图3-20　苦瓜棚里员工用绑蔓枪在绑蔓　　图3-21　大棚内苦瓜绑蔓效果图

结合绑蔓进行整枝，5～7天整枝一次，基部发生的1～2次侧蔓要摘除，主蔓1米以下只选留1枝侧蔓开花结果，茎蔓上棚后应斜向横走。植株生长发育的中后期，要摘除植株下部的衰老黄叶。

106.大棚早春栽培苦瓜开花结果期结合授粉可提高坐瓜率

问： 大棚早春栽培苦瓜开花结果期（图3-22）需要授粉吗，如何进行？

答： 早春大棚内气温较低，棚内空气流动小，而且传粉昆虫几乎没有。因此，要及早进行人工授粉。将当日开放的雄花摘取，去掉花冠，将雄蕊散出的花粉涂抹在雌蕊柱头上。或者用0.1%氯吡脲液剂（国光座瓜灵）30～50毫升，兑水1升，用以涂抹花柄。苦瓜授粉后，约需12～15天开始采收。

图3-22　大棚早春栽培苦瓜最好进行人工授粉以提高坐果率

107.加强田间管理减少苦瓜畸形瓜，提高商品性

问： 可不可以选购顺直王等药剂喷雾拉直苦瓜防止畸形瓜，如何提高苦瓜的商品性？

答： 不建议随便用一些产品，特别是供港蔬菜，对产品的品质有要求（图3-23、图3-24），其实一些拉直的产品也无非是一些富含中、微量元素的叶面肥，若是叶面肥还好，若是加了一些激素，就不太好了。在苦瓜的生长期，结合防治病虫害，喷施一些含钙、硼、锌等中、微量元素的叶面肥，有利于花芽分化，防治裂瓜、弯曲瓜等。结合肥水的均匀供应，及时追肥等，就可达到减少苦瓜畸形瓜，提高商品性的目的。

在生产上，也有的农民在苦瓜刚出现弯瓜时，就通过以土坠瓜的方式让苦瓜恢复顺直，在工作量不大的情况下可以选用。这个油苦瓜品种，长度不是太长，直径大，弯曲瓜倒是不多，可不采用。

图3-23　员工对供港的苦瓜进行分级　图3-24　供港苦瓜一等品

108.露地苦瓜盛果期要及时追肥

问: 露地苦瓜盛果期要不要追肥,如何追肥?

答: 当然要追肥,苦瓜进入盛果期(图3-25)后,及时追肥是提高苦瓜品质的一项主要措施,否则营养跟不上,会导致苦瓜各种畸形(图3-26、图3-27)。

图3-25　苦瓜旺盛生长期挂果多　图3-26　苦瓜畸形瓜仅顶端大

图2-27
苦瓜畸形瓜弯瓜

追肥数量：建议一般按每亩追施尿素10～15千克、过磷酸钙10～15千克、硫酸钾5千克的水平进行追肥，或尿素5～7千克+三元复合肥（15－15－15）10～15千克，或高氮型大量元素水溶肥料（30-9-12+TE）5千克，也可配合腐熟农家肥直接在畦中间开沟埋肥。

追肥次数：追肥一般每10天左右一次，也可视植株生长情况确定。第二次追肥时应采用高钾型（如13－7－40+TE大量元素水溶肥），第三次又采用高氮型，第四次高钾型，如此类推。追肥的同时结合喷药，叶面喷施0.2%～0.3%磷酸二氢钾和0.2%尿素溶液以及微量元素叶面肥2～3次。

追肥方法：要选择晴朗天气追肥，兑水浇施或埋施，施肥位置应远离植株20厘米以外，以防烧根。

109.苦瓜采后处理有讲究

问： 发往外地的苦瓜在冷库出现了冷害，失去了商品性，不知苦瓜采后处理有何讲究？

图3-28　苦瓜预冷

答： 苦瓜在进行预冷（图3-28）时，冷风温度应控制在10℃左右，不能太低，时间约在12～20小时，不能太长。此外，还要注意塑料箱、编筐或纸箱等在堆码时，应将菜箱顺着冷库冷风流向码放成排，箱与箱间留出5厘米缝隙，每排间隔20厘米，菜箱不能紧靠墙壁，靠墙壁留出30厘米风道。

苦瓜的采后处理，要根据不同的品种商品的特征特性进行分级，例如供港的油苦瓜，一等品要求长度在22～25厘米，颜色均一，瓜条顺直，无病虫害为害。二等品要求长度可适当短，其他同一等品。因此，要及时采收，否则超长超大的就成了等外品，卖不上价。藤蔓要及时上架，否则贴地的瓜条会出现白色，影响商品性。要加强病虫害的防治，否则被瓜实蝇、瓜绢螟为害了的瓜条就无商品性了，影响了整体的产量。此外要及时追肥，否则易出现畸形瓜条。

分级预冷后，要及时装箱，待有一定的数量后，及时发运销售。

第三节　苦瓜常见病虫草害问题

110.谨防夏天连阴雨后骤晴苦瓜枯萎病毁园

问： 开始发现有几株苦瓜萎蔫没当回事，雨住开晴后许多植株黄化死苗了，是什么原因？

答： 这是苦瓜枯萎病（图3-29），又叫蔓割病、萎蔫病等，为典型的土传病害。植株从基位叶发展，叶片发黄（图3-30），茎蔓染病，呈长梭形病斑（图3-31），后期开裂。

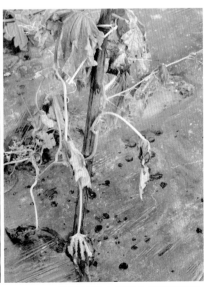

图3-29　苦瓜枯萎病萎蔫状　　　　图3-30　苦瓜枯萎病后期全株萎蔫黄化

开始萎蔫时，就已经发生了，若遇连续 3 天大雨或暴雨，或时晴时雨、高温闷热天气最易发生。若当时采取了措施，如拔除病株，对未表现症状的植株采用药剂灌根等，就不至于出现现在的毁园情况了。

对常发地区，建议采用嫁接苗。定植时，用枯草芽孢杆菌 +

图 3-31　苦瓜枯萎病茎蔓开裂

哈茨木霉菌等微生物菌剂灌根预防。

发现病株及时拔除，并对病穴及邻近植株灌淋，选用 36% 甲基硫菌灵悬浮剂 400 倍液或 98% 噁霉灵可湿性粉剂 2500 倍液、54.5% 噁霉·福可湿性粉剂 700 倍液、80% 多·福·福锌可湿性粉剂 700 倍液、10% 多抗霉素可湿性粉剂 600 ～ 1000 倍液、2.5% 咯菌腈悬浮剂 1000 倍液、25% 咪鲜胺乳油 1000 倍液、4% 嘧啶核苷类抗菌素水剂 600 ～ 800 倍液，每株 500 毫升。也可每株用 25% 络氨铜·锌水剂 500 ～ 600 倍液 200 毫升淋灌，7 ～ 10 天一次，连防 2 ～ 3 次。

111.苦瓜高温季节谨防白粉病致提早拉秧

问： 苦瓜叶片上一层点状白粉（图 3-32、图 3-33），打了好多药都没防得住，请问怎么办？

图 3-32　苦瓜白粉病大田发病状　　图 3-33　苦瓜白粉病病叶

答： 这是苦瓜白粉病，多发生在结瓜期及成熟期，开始发生时叶片上产生白色粉状小霉点，后期布满白粉，严重时导致全株早衰死亡，苦瓜品质降低甚至绝收。在湖南的感病流行期为3～5月、7月下旬和10～12月。应及时发现，正确选用药剂，正确施用。发病前期，可结合其他病害的防治施用保护性杀菌剂预防，如70%甲基硫菌灵可湿性粉剂600～800倍液+75%百菌清可湿性粉剂600～800倍液或50%硫黄悬浮剂300倍液、0.5%大黄素甲醚水剂1000～2000倍液、2%武素菌素水剂300倍液+70%代森联干悬浮剂600～800倍液等喷雾防治。

发病初期及时喷药，可选用20%三唑酮可湿性粉剂2000倍液或40%氟硅唑乳油8000倍液、30%氟菌唑可湿性粉剂3500～5000倍液、12.5%烯唑醇可湿性粉剂2000倍液、30%醚菌酯悬浮剂2000～2500倍液、50%嘧菌酯干悬剂300～500倍液、25%腈菌唑乳油300倍液、10%苯醚甲环唑水分散粒剂1500倍液、25%乙嘧酚悬浮剂1000～1500倍液等喷雾防治。

喷药要周到，要叶面叶背都喷到。要持续用药，交替用药，大量水喷药。

112.苦瓜结瓜期谨防蔓枯病提前拉秧

问： 苦瓜叶片上有许多圆形病斑（图3-34、图3-35），开始不多，雨后迅速发展，严重时提前拉秧，对产量影响很大，该病几乎年年都有，请问有何好的办法？

图3-34　苦瓜蔓枯病田间发病状　　图3-35　苦瓜蔓枯病发病叶片

答: 这是苦瓜蔓枯病，是苦瓜的主要病害，以茎基部受害最重。发病严重可损失 30% ~ 60%，土壤湿度大易发病。夏天连阴雨后骤晴，气温迅速升高时病害发展迅猛，连续 3 天大雨或暴雨易发病，时晴时雨、高温闷热天气易流行。

对该病常发地区，建议提前预防，可选用百菌清或硫菌灵或噁霉灵或多菌灵 1 份 + 克线丹（或噻唑膦颗粒剂）1 份 + 干细土 50 份，充分混匀后，可做播种后的覆盖土，或在移栽前撒施于幼苗根部周围。在发病时，可撒施于根部。

此外，发病初期，可选用 70% 甲基硫菌灵悬浮剂 800 倍液或 75% 百菌清可湿性粉剂 600 倍液、25% 嘧菌酯悬浮剂 1500 倍液、70% 丙森锌可湿性粉剂 500 倍液、80% 全络合态代森锰锌可湿性粉剂 800 倍液、60% 多菌灵盐酸盐超微可湿性粉剂 800 倍液、56% 氧化亚铜水分散粒剂 800 倍液、50% 苯菌灵可湿性粉剂 1500 倍液、560 克/升嘧菌·百菌清悬浮剂 700 倍液、250 克/升吡唑醚菌酯乳油 1500 倍液、75% 肟菌·戊唑醇水分散粒剂 3000 倍液、50% 福·异菌可湿性粉剂 800 倍液、80% 炭疽福美可湿性粉剂 800 倍液等交替喷雾防治，隔 10 天左右一次，连续防治 2 ~ 3 次。采收前 7 天停止用药。

113. 雨季苦瓜谨防疫病为害瓜叶

问: 有几个种植户的苦瓜发烂、瓜上长白霉（图 3-36），对产量有很大的影响，不知有何好的办法？

答: 苦瓜疫病，从叶片上的圆形或不规则形暗绿色水渍状大斑（图 3-37）可综合判断。该病与一段时间的雨水多有关，夏天连阴雨后骤

图3-36 苦瓜疫病瓜条　　　图3-37 苦瓜疫病苗期

晴，气温迅速升高时病害发展迅猛，连续 3 天大雨或暴雨易流行。此外，没有进行合理的整枝，瓜蔓间通风透气性差，导致病害蔓延迅速。若不采取措施，会造成大面积的烂瓜，对瓜农的损失较大。

在农业措施上，要采用高畦、地膜覆盖栽培。科学灌水，避免大水漫灌，雨后及时排水。

提前预防，可选用百菌清或硫菌灵或噁霉灵或多菌灵 1 份 + 克线丹（或噻唑膦颗粒剂）1 份 + 干细土 50 份，充分混匀后，做播种后的覆盖土，或在移栽前撒施于幼苗根部周围。

出现病害后，大棚栽培，可采用熏烟或喷雾，如可选用 10% 腐霉利烟剂、45% 百菌清烟剂等烟熏。或于傍晚喷撒 5% 百菌清粉尘剂，每亩 1 千克。

露地栽培，发现中心病株及时拔除，并选用 72.2% 霜霉威水剂 400 ～ 600 倍液或 72% 霜脲·锰锌可湿性粉剂 800 倍液、64% 噁霜·锰锌可湿性粉剂 500 倍液、30% 氧氯化铜悬浮剂 400 ～ 500 倍液、30% 醚菌酯悬浮剂 2000 ～ 3000 倍液、70% 丙森锌可湿性粉剂 600 ～ 800 倍液、75% 百菌清可湿性粉剂 800 ～ 1000 倍液、66.8% 丙森·异丙菌胺可湿性粉剂 600 ～ 800 倍液、440 克 / 升双炔·百菌清悬浮剂 600 ～ 1000 倍液、100 克 / 升氰霜唑悬浮剂 2000 ～ 3000 倍液等喷雾防治，隔 10 天左右 1 次，视病情防治 2 ～ 3 次。

114. 夏秋露地苦瓜栽培要谨防病毒病毁园

问： 我的苦瓜叶子花花绿绿，且较正常的叶片小（图 3-38），植株长不高，瓜条畸形不长（图 3-39），是缺肥吗？

图 3-38　苦瓜病毒病病叶　　　　图 3-39　苦瓜病毒病病果

答： 这不是缺肥，这是夏秋苦瓜最易得的病毒病。该病主要在高温干旱条件下发生，若蚜虫等传毒害虫多的话，则发病更加迅速。当然，田间缺水、缺肥，导致植株生长衰弱，也可加剧病害的发生。大棚苦瓜，一般以每年 6 ～ 10 月份为发病高峰。

为防止病毒病的进一步扩展，一定要采取综合的管理措施。

一是播种后用药土做覆盖土，移栽前喷施一次除虫灭菌剂。高温干时应经常浇水，提高田间湿度，减轻蚜虫为害与传毒。田间整枝、绑蔓实行专人流水作业，减少交叉传染。喷施增产菌、多效好或农保素等生长促进剂，或喷施磷酸二氢钾、黑皂或洗衣皂混合液 1∶1∶250 倍液，5 ～ 7 天一次，连喷 4 ～ 5 次。

二是做好棚内消毒和棚外除草工作，尤其是多年生杂草，消除病毒病传播的源头。棚前棚后的多年生杂草，棚边种植的韭菜、草莓、葱蒜等多年生蔬菜，是病毒的主要传播源头。距离多年生杂草或蔬菜最近的植株，往往最容易侵染发生病毒病。因此，一定要注意清理棚内和周围的多年生杂草、蔬菜，避免其传播病毒。

三是做好大棚设施的物理防护，确保棚膜没有破损，通风口全部设置高目数的防虫网，避免外界传毒害虫进入传播病毒。做好了以上几点，确保苦瓜前期不上病毒病，是减轻病毒病为害的关键。

四是及时防治好蚜虫。可选用 25% 噻虫嗪水分散粒剂 6000 ～ 8000 倍液或 70% 吡虫啉水分散粒剂 10000 ～ 15000 倍液、2.5% 溴氰菊酯乳油 2000 ～ 3000 倍液、10% 吡丙·吡虫啉悬浮剂 1500 ～ 2000 倍液、5% 啶虫脒乳油 2500 ～ 3000 倍液，重点喷叶背和生长点部位。

五是喷施化学钝化剂防止进一步扩散，如可选用 20% 吗啉胍·乙铜可湿性粉剂 400 ～ 600 倍液或 2% 宁南霉素水剂 200 ～ 400 倍液、4% 嘧肽霉素水剂 200 ～ 300 倍液、25% 琥铜·吗啉胍可湿性粉剂 600 ～ 800 倍液、3.85% 三氮唑·铜·锌水乳剂 600 ～ 800 倍液、0.1% 高锰酸钾水溶液、0.5% 菇类蛋白多糖水剂 300 倍液等喷雾防治，7 ～ 10 天一次，共喷 2 ～ 3 次。发病初期用 5% 菌毒清水剂 200 ～ 300 倍液喷施 1 ～ 2 次，有一定效果。

或喷洒 20% 吗啉胍·乙铜可溶性粉剂 400 倍液 +0.004% 芸苔素内酯水剂 1000 ～ 1500 倍液，效果好。

115. 早春低温高湿期谨防炭疽病为害瓜条

问： 苦瓜藤的老叶子上普遍有黄色的病斑，叶片衰败（图3-40、图3-41），有些瓜条上也有圆形的斑块，上有红色黏质物（图3-42），请问是什么病？用什么好药防治？

图3-40 苦瓜炭疽病叶片正面　　图3-41 苦瓜炭疽病叶片背面

图3-42
苦瓜炭疽病瓜条受害状

答： 这是苦瓜生产上典型的炭疽病。特别容易在结瓜后发生，影响苦瓜的商品性和产量。仔细观察，病斑凹陷，有肉眼看不清的小黑点，斑面成轮纹状。有时茎蔓龟裂，严重时枯死。病瓜发生严重时，多个病斑连成不规则凹陷斑块，组织变黑，但不变糟且不易破裂，别于蔓枯病。幼瓜受害后发育不正常，多呈畸形或皱缩腐烂。

在早春温度低，湿度高，叶面结有大量水珠，苦瓜吐水或叶面结露，易发病。

提前预防，可撒施药土。如选用百菌清或硫菌灵或噁霉灵或多菌灵1份＋克线丹[或噻唑膦（福气多）颗粒剂]1份＋干细土50份，充分混匀后，发病时撒施于根部。该病蔓延地区，可做播种后的覆盖土，或在移栽前撒施于幼苗根部周围，省工省药。

大棚栽培，可采用熏烟或粉尘法。如可选用45%百菌清烟剂或10%腐霉利烟剂等烟雾熏，每亩用药250克，10天熏一次，或用5%百菌清粉尘剂于傍晚喷撒，每亩每次用药1千克。

药剂喷雾，应在发病初期，选用25%咪鲜胺可湿性粉剂600～800倍液或80%炭疽福美可湿性粉剂800倍液、42%三氯异氰尿酸可湿性粉剂800～1000倍液、2%嘧啶核苷类抗菌素200倍液、50%咯菌腈可湿性粉剂5000倍液、20%苯醚·咪鲜胺微乳剂2500～3500倍液、30%戊唑·多菌灵悬浮剂700倍液、70%代森联悬浮剂600倍液等喷雾，5～7天一次，连防2～3次。如能混入喷施宝或植宝素7500倍液，可有药肥兼收之效。注意药剂轮换使用，采收前7天停止用药。

116. 苦瓜叶片在遇高温多雨季节易发白斑病

问： 叶片上有许多的白色斑块（图3-43），有些穿孔（图3-44），对苦瓜的危害不是很大吧？

图3-43　苦瓜白斑病病叶

图3-44　苦瓜白斑病穿孔病斑

答: 这是苦瓜白斑病，又称褐斑病、尾孢叶斑病，病原为瓜类尾孢。主要为害叶片，在生产上表现为病斑圆形或不规则形，后期病斑中间灰白色，多角形或不规则形，潮湿时易穿孔。一般在 5 ~ 9 月份高温期多雨季节易发生。多数瓜田在第一批瓜膨大或收获后开始发病。叶片坏死，影响光合作用，也间接影响瓜条的正常生长。

在苦瓜第 1 轮结瓜时及时追肥，保证营养生长和生殖生长同时获得足够营养，追施叶面肥，补充必要的微量元素，并适当疏除侧芽。

提前预防该病，可选用百菌清或硫菌灵或噁霉灵或多菌灵 1 份 + 硫线磷（或噻唑膦颗粒剂）1 份 + 干细土 50 份，充分混匀后，发病时撒施于根部。该病蔓延地区，可做播种后的覆盖土，或在移栽前撒施于幼苗根部周围。

大棚栽培，可烟熏或喷粉，如可用 10% 腐霉利烟剂，或 45% 百菌清烟剂，每亩用药 200 ~ 250 克，隔 7 ~ 9 天一次，防治 1 ~ 2 次。或于傍晚喷撒 5% 百菌清粉尘剂，每亩用药 1 千克。

药剂喷雾，可选用 70% 福·甲硫可湿性粉剂 800 ~ 1000 倍液或 50% 多·霉威可湿性粉剂 1000 ~ 1500 倍液、40% 百菌清悬浮剂 600 ~ 700 倍液、20% 唑菌酯悬浮剂 900 倍液、50% 甲基硫菌灵可湿性粉剂 600 倍液、10% 苯醚甲环唑水分散粒剂 800 ~ 1200 倍液、25% 戊唑醇水乳剂 2500 ~ 3500 倍液、35% 氟菌·戊唑醇悬浮剂 2000 ~ 3000 倍液、42.4% 唑醚·氟酰胺悬浮剂 2500 ~ 3500 倍液、40% 苯甲·吡唑酯悬浮剂 2000 ~ 3000 倍液、250 克/升吡唑醚菌酯乳油 1000 倍液等药剂喷雾，一般每 7 ~ 10 天喷一次，连续 2 ~ 3 次，药剂要轮换使用。采收前 7 天停止用药。

117.低温阴雨，种植过密注意苦瓜易得霜霉病

问: 开始苦瓜长得很好，这段时间气温低，雨水多，没有及时来看，发现苦瓜叶片上有许多的黄褐色病斑，从下面向上发展，快要到顶端了，往年发生这种情况后植株没有结几批瓜就萎缩了，一直不知是什么原因？

答: 这是苦瓜霜霉病，在低温阴雨时易诱发，苦瓜又种得过密，植株茂盛，通风不良，早期可能就已发生了霜霉病，只是没有观察到罢了。该病初发时，叶面上有浅黄色小病斑，后扩大成不规则形，或受叶

脉限制成多角形，病斑颜色由黄色逐渐变成黄褐色至褐色（图3-45），湿度大时，在叶背面长出白色霉状物（图3-46），有时叶面也可见白色菌丝，最后致使叶片上卷或干枯，下部叶片全部干枯（图3-47），有时仅剩下生长点附近几片绿叶。该病田间症状与苦瓜白粉病酷似，应注意区分，必要时镜检病原确定，及时防控，防止迅速发展传播。

图3-45 苦瓜霜霉病病叶正面

图3-46 苦瓜霜霉病病叶背面

防治该病，要科学灌水，严禁连续灌水和大水漫灌。大棚栽培时，棚内湿度最好保持在90%～95%，尤其要缩短叶面结露的时间，或将其控制在间歇状态。

大棚栽培，可烟熏，用45%百菌清烟剂熏治，每亩用量250克，点燃后闭棚熏治一夜。

发现下部叶片发病变黄时，药剂喷雾，可选用58%甲霜·锰锌可湿性粉剂500～600倍液或64%噁霜·锰锌可湿性粉剂500

图3-47 苦瓜霜霉病叶片后期干枯状

倍液、25%嘧菌酯悬浮剂1500～2000倍液、70%丙森锌可湿性粉剂500～800倍液、70%代森联干悬浮剂600～800倍液、687.5克/升氟菌·霜霉威悬浮剂1500～2000倍液、68.75%噁酮·锰锌水分散粒剂900倍液、百菌清悬浮剂700倍液、25%吡唑醚菌酯乳油1500～2000倍液、10%氟嘧菌酯乳油2500～3000倍液、70%呋酰·锰锌可湿性粉剂600～1000

倍液、18.7% 烯酰吡唑酯水分散粒剂 75 ~ 125 克 / 亩、69% 锰锌·氟吗啉可湿性粉剂 1000 ~ 2000 倍液、66.8% 丙森·异丙菌胺可湿性粉剂 800 ~ 1000 倍液、25% 烯肟菌酯乳油 2000 ~ 3000 倍液、72%霜脲·锰锌可湿性粉剂 800 倍液、69% 烯酰·锰锌可湿性粉剂或水分散粒剂 1000 倍液、47% 春雷·王铜可湿性粉剂 800 ~ 1000 倍液等喷雾防治。

苦瓜对铜制剂敏感，苗期慎用，生长期要严格控制用量和浓度，以防发生药害。

118. 雨后湿度大谨防绵腐病为害苦瓜瓜条，使其失去商品性

问： 下了几天的雨，刚开晴准备摘些苦瓜去卖，一扒开藤蔓，发现许多的苦瓜瓜身上长了一身的浓密的白霉（图 3-48），瓜条也烂掉了，这是怎么回事呢？

图 3-48　苦瓜绵腐病病瓜

答： 苦瓜得了绵腐病，主要在结瓜期染病，一般病部开始发生时呈褐色水渍状，不易被察觉，后很快变软，病部呈软腐状，遇到雨后湿度大时长出白霉，使苦瓜失去商品性。田间高湿或积水易诱发此病，雨后积水或浇水过多、田间湿度高等均有利于发病。

在生产上，提倡采用高畦或高垄种植，防止田间积水。提倡地膜覆盖栽培，及时打掉下部老黄脚叶，增强通风透光性，降低田间湿度。雨后或浇水后避免田间积水。对已经发病了的，只能摘除，未感病株或尚未发现的，可在田间喷洒 60% 唑醚·代森联水分散粒剂 2000 倍液，

或 32.5% 苯甲·嘧菌酯悬浮剂 1500 倍液、69% 烯酰·锰锌可湿性粉剂 1000 ～ 1500 倍液、72% 霜脲·锰锌可湿性粉剂 600 ～ 800 倍液、50% 氟吗·锰锌可湿性粉剂 500 ～ 1000 倍液、72.2% 霜霉威水剂 500 ～ 800 倍液 +70% 代森联干悬浮剂 600 ～ 800 倍液，视病情间隔 7 ～ 10 天喷一次，重点防治植株下部瓜条和地面消毒。

119. 苦瓜根系结肿瘤，谨防根结线虫病绝收

问： 同期栽的苦瓜，别人的结苦瓜了，我的却长不大，挖出一蔸苦瓜藤，发现根部有许多的肿瘤（图 3-49），是"苦瓜癌症"吗？

图3-49 根结线虫病苦瓜根部

答： 这个说是"苦瓜癌症"一点也不为过。这是苦瓜根结线虫病，为苦瓜的一种重要病害，严重时可导致绝收。该病为害植株时，受害植株侧根和须根比正常植株多，须根上形成球形或不规则形瘤状物。发病轻时，地上部分症状表现不明显，或根本看不出来。发病重时，表现为植株生长不良、矮小、叶片由下向上变黄、萎蔫、坏死，结出的苦瓜多表现为表面无棱或瘤突，或是部分无棱或瘤突。

之所以发病重，多为以前已发生过该病，只是不重，未引起足够的重视，导致该病在土壤中愈演愈烈。该病可为害苦瓜等瓜类蔬菜以及番茄等茄果类蔬菜，因此，一旦发生，应引起高度重视，尽量除早除小除了，采取综合的措施。

一是尽量轮作。对于重病田，可在生产后期用菠菜等高感速生叶菜诱集，并在下个茬口安排葱蒜等拮抗作物轮作。少部分地区可以考虑在冬季适当闲田，结合低温冷冻减轻病情。

二是要进行无虫土育苗。选择健康饱满的种子，50 ～ 55℃条件下温汤浸种 15 ～ 30 分钟，催芽露白即可播种。苗床和基质消毒可采用熏蒸剂覆膜熏蒸，每平方米苗床使用 0.5% 甲醛溶液 10 千克，或 98% 棉隆微粒剂 15 克，覆膜密闭 5 ～ 7 天，揭膜充分散气后即可育苗；也可采用非熏蒸性药剂拌土触杀，每平方米苗床使用 2.5% 阿维菌素乳油 5 ～ 8 克或 0.5% 阿维菌素颗粒剂 18 ～ 20 克或 10% 噻唑膦颗粒剂 2.0 ～ 2.5 克。

三是发病严重的大田，应进行土壤消毒。

方法一：氰氨化钙处理。棚室在高温条件下用氰氨化钙消毒。方法是：在前茬蔬菜拔秧前 5 ～ 7 天浇一遍水，拔秧后立即每亩均匀撒施 60 ～ 80 千克氰氨化钙于土壤表层，也可将未完全腐熟的农家肥或农作物碎秸秆均匀地撒在土壤表面，旋耕土壤 10 厘米使其混合均匀，再浇一次水，覆盖地膜，高温闷棚 7 ～ 15 天，然后揭去地膜，放风 7 ～ 10 天后可做垄定植。处理后的土壤栽培前应注意增施磷、钾肥和生物菌肥。

方法二：药剂熏蒸消毒。选用异硫氰酸酯类物质，每亩用 98% 棉隆微粒剂 10 ～ 15 千克，也可每平方米用 20% 辣根素悬浮剂 25 ～ 50 克，或 35% 威百亩水剂 100 ～ 150 毫升。

四是定植期防治。播种或移植前 15 天，每亩用 0.2% 高渗阿维菌素可湿性粉剂 4 ～ 5 千克或 10% 噻唑膦颗粒剂 2.5 ～ 3 千克，加细土 50 千克混匀撒到地表，深翻 25 厘米，进行土壤消毒，均可达到控制线虫为害的效果。或用 2 亿活孢子 / 克淡紫拟青霉粉剂 2 ～ 3 千克拌土均匀撒施，2.5 千克拌土沟施或穴施；或用 2 亿活孢子 / 克厚孢轮枝菌微粒剂 2 ～ 3 千克拌土均匀撒施，2.5 千克拌土沟施或穴施。

五是生长期防治。每亩可使用 10% 噻唑膦颗粒剂 1.5 千克或 0.5% 阿维菌素颗粒剂 15.0 ～ 17.5 克、3.2% 阿维·辛硫磷颗粒剂 0.3 ～ 0.4 千克、2 亿活孢子 / 克淡紫拟青霉粉剂 2.5 千克、2 亿活孢子 / 克厚孢轮枝菌微粒剂 2.0 ～ 2.5 千克，拌土开侧沟集中施于植株根部；芽孢杆菌等生物制剂可根据产品说明书发酵兑水灌根。或用 1.8% 阿维菌素乳油 1000 ～ 1200 倍液或 50% 辛硫磷乳油 1000 ～ 1500 倍液等药剂灌根，每株灌药液 250 ～ 500 毫升，每 7 ～ 10 天灌一次，连续 2 ～ 3 次。

120.雨季谨防苦瓜细菌性角斑病暴发流行

问： 苦瓜叶片上有许多发黄的病斑（图3-50），几天就迅速发展起来了，打药都防不住，请问有什么好办法吗？

图3-50　苦瓜细菌性角斑病病叶

答： 苦瓜叶片得了细菌性角斑病，这是苦瓜生产上常见的一种病害，主要发生在雨季，一旦发生，发展迅速，严重影响苦瓜生产。其叶片上的典型表现为受叶片具黄褐色病斑，中央黄白色至灰白色，容易穿孔或破裂，湿度大时，叶片背面可见乳白色菌脓。此外，还为害果实，使果实呈水渍状软腐，瓜皮破损，种子和瓜肉外露，全瓜腐败脱落，完全失去商品性。干燥条件下，病部呈油纸状凹陷，有些干缩后悬在蔓上。

在生产上要注意合理密植，雨后及时排水，有条件的可推行避雨栽培法。采用高畦地膜覆盖栽培，不仅能降低田间湿度，还能减少病菌传播，减少发病。

大棚或露地栽培，在发病前开展预防性药剂防治，选用56%氧化亚铜水分散微颗粒剂800倍液或47%春雷·王铜可湿性粉剂1000倍液、30%碱式硫酸铜悬浮剂400倍液、20%叶枯唑可湿性粉剂600倍液、90%新植霉素可溶性粉剂4000倍液、33.5%喹啉酮悬浮剂800倍液等喷雾防治，隔10天一次，防治2～3次。

在细菌性角斑病与霜霉病混发时，可选用60%琥·乙膦铝可湿性粉剂500倍液或70%乙膦·锰锌可湿性粉剂500倍液+72%霜脲·锰锌可湿性粉剂1000倍液兼防两病。

121.苦瓜开花坐果期注意防治瓜实蝇

问： 苦瓜瓢里生了许多"蛆婆子"（图3-51、图3-52），是怎么进来的，如何防治？

图3-51　瓜实蝇为害苦瓜果实变黄坏死状　　图3-52　苦瓜果实里的瓜实蝇幼虫瓜蛆

答： 这"蛆婆子"是瓜实蝇的幼虫，瓜实蝇成虫（图3-53）将产卵管刺入苦瓜的幼瓜表皮内产卵，幼虫孵化后即钻进瓜内取食，受害瓜先局部变黄，而后全瓜腐烂变臭；在苦瓜的外表上，有的可看到很小的产卵孔，有的在产卵孔处凝结着流胶，有的表现为瓜条畸形肿胀，果皮硬实。

瓜条一旦被瓜实蝇产卵就废掉了，虫子在里面根本无法防治。只能摘掉，且最好是一发现就尽早摘掉。

该虫除为害苦瓜外，还为害丝瓜、甜瓜、西瓜等瓜类作物，若苦瓜出现为害，园区的其他瓜类进行一同采用措施防治。

一是可以采用套袋护花。在成虫产卵前对幼瓜进行套袋，丝瓜在开花后3～5天花谢前套袋，苦瓜等瓜果在瓜长2厘米前套袋。也可对幼瓜采用草覆盖，防止成虫产卵为害。

二是采用挂瓶诱杀。如用90%敌百虫晶体20克＋糖250克＋少量醋+1000克水搅拌均匀后挂瓶诱杀，每亩挂10瓶，每瓶装毒饵100毫升。或将糖醋毒饵用喷雾器每隔3～5株喷2～3张叶片的叶背，即可同时诱杀雌、雄成虫。

三是采用黄板诱杀（图3-54）。每亩设置30张黄板，将其固定于竹筒上，然后挂在离地面1.2米高的瓜架上，防效显著。

图3-53 瓜实蝇成虫在苦瓜果实上为害　图3-54 黄板诱杀瓜实蝇成虫

　　四是化学防治。由于成虫白天活动主要在8:00 ～ 11:00和15:00 ～ 18:00时。应在此时段及时喷药，可选用90%晶体敌百虫1000倍液或1.8%阿维菌素乳油2000倍液、2.5%溴氰菊酯乳油等菊酯类农药3000倍液、60%灭蝇胺水分散剂2500倍液、3%甲维盐微乳剂3000 ～ 4000倍液等喷雾防治。药剂内加少许糖，效果更好。3 ～ 5天喷一次，连续2 ～ 3次，注意药剂应轮换使用。

122. 苦瓜杂草防除有讲究

　　问：我的大棚苦瓜出现嫩叶黄白现象（图3-55、图3-56），不知是不是与前段时间施用了行间除草剂草铵膦有关？

图3-55 草铵膦除草剂飘移药害　　图3-56 草铵膦除草剂飘移药害苦瓜
苦瓜白化苗　　　　　　　　　　　嫩叶表现为白化

　　答：这种情况完全是除草剂的飘移药害。防除沟渠、畦里的杂草时，最好不要用草甘膦、草铵膦等，以防漂移药害，对出现药害较多时，可喷施芸苔素内酯或复硝酚钠等进行缓解。

123.防治大棚苦瓜冷害要从保温、降湿、施肥等多方面入手

问： 大棚里的苦瓜苗普遍出现老叶似开水烫伤状失绿，叶片微卷，而嫩叶表现完好（图3-57），是什么问题？

图3-57 大棚里的苦瓜苗叶片冷害

答： 普遍出现这种情况，应该是叶片遇到不适的环境的生理性原因，考虑到这几天降温幅度大，又遇连续低温，应该是苦瓜叶片遇到寒流，由低温杀伤了叶片内的细胞而引起的冷害。可从以下几个方面着手防治。一是搞好大棚的修复，对大棚膜、棚门等破损的地方，一定要补好。二是搞好大棚四周的排水沟，疏通并加深，做到雨住田干，防止冷雨倒灌进大棚内。三是施肥提温。可以施肥补充营养，施肥以腐熟的农家肥为宜，或添加稀薄的化肥，但要注意施化肥的浓度不要过高，应随植株的生长状况，逐步加大浓度或施用量。若植株出现黄化时，可喷施0.5%～1.0%蔗糖＋0.1%～0.3%磷酸二氢钾混合液补充营养。植株受到伤害后，容易引发病害，喷药要等回暖后于晴天喷药，以喷施波尔多液比较安全，在喷其他化学杀菌药时，其浓度不宜过高。

124.防止积水沤根致苦瓜出现生理性黄叶

问： 苦瓜苗心叶发黄（图3-58），是什么原因？

答： 这是生理性病害。主要是由于大棚内长期积水严重，且大棚内温度低、湿度大、光照弱，造成了沤根，根系少，影响苦瓜对氮素等营养的吸收。要采取综合措施，一是挖深挖宽大棚外的围沟，降低棚内

地下水位，降低湿度；二是叶面喷施含腐植酸或海藻酸的水溶肥料促进叶片生长；三是待土壤干爽后，再用含氨基酸或腐植酸或甲壳素生根肥料浇施促根。

图3-58　苦瓜苗心叶发黄

参考文献

[1] 王迪轩.瓜类蔬菜优质高效栽培技术问答.北京：化学工业出版社，2014.

[2] 赵丽丽.图说棚室南瓜、西葫芦栽培关键技术.北京：化学工业出版社，2015.

[3] 周俊国，姜立娜，蔡祖国.黄瓜实用栽培技术.北京：中国科学技术出版社，2017.

[4] 林德佩.南瓜栽培新技术.北京：金盾出版社，2008.

[5] 王久兴，等.图说黄瓜栽培关键技术.北京：中国农业出版社，2010.

[6] 王迪轩.疫情期间蔬菜生产问题解析（一）.长江蔬菜，2020，7：56-60.

[7] 王迪轩，何永梅，蔡灿然.赫山区新冠肺炎疫情期间蔬菜生产典型问题解析.长江蔬菜，2020，9：3-8.

[8] 王迪轩，何永梅，蔡灿然.疫情期间蔬菜春播春种常见问题解析.长江蔬菜，2020，11：1-5.

[9] 王迪轩.湘北地区初夏蔬菜生产常见问题与解析.长江蔬菜，2020，13：51-62.

[10] 王迪轩.湘北地区夏季高温高湿期间瓜类蔬菜主要问题与解析.长江蔬菜，2020，17：59-62.

[11] 李宝聚.蔬菜病害诊断手记.2版.北京：中国农业出版社，2021.